Sandra Preis / Chris Lukhaup

# Meerwasser Nano-Fibel

Attraktive Mini-Riffe für Wohnung und Büro

Alle Fotos, außer den besonders gekennzeichneten, sind von den Verfassern.

**Bibliografische Information der Deutschen Bibliothek**

Die Deutsche Bibliothek verzeichnet diese Publikation in der Deutschen Nationalbibliografie; detaillierte bibliografische Daten sind im Internet über http://dnb.ddb.de abrufbar.

ISBN 978-3-935175-51-7


Lektorat: Thomas von der Heyde
Herstellung: Daniela Gröbel
Printed in Germany

# Inhalt

# Vorwort

Nano-Aquaristik ist in den letzten Jahren ein neuer Trend, der auch in der Meerwasserszene immer mehr Freunde findet. Und so haben die zahlreichen Innovationen bei vielen alten und neuen Aquarianern die Lust auf ein „Mini-Meer" geweckt.

Nano-Aquarien sind grundsätzlich keine neue Erfindung. Aber die letzten Jahre waren durch Innovationen bei verbesserter Technik und anspruchsvollem und zeitgemäßem Design geprägt. Das Angebot bei den Tieren hat sich auch stark verändert. Vor ein paar Jahren wurden nur große Fische eingeführt und kleinen Biotopspezialisten wurde kaum Beachtung geschenkt, oder sie sind in großen Aquarien völlig untergegangen oder sogar gefressen worden. Heute ist man vielfältiger und hat viele faszinierende Tiere zur Auswahl, die insbesondere in Kleinstaquarien ein Highlight sind.

Meerwasseraquaristik wird gerne als die „hohe Kunst" in der Aquaristik bezeichnet. Sicher ist sie nicht simpel, und Nano-Aquarien sind auch kein klassisches Anfängerthema, da gerade bei einer kleinen Wassermenge schnell Probleme auftauchen können. Mit guten Informationen ist auch für Anfänger die Meerwasseraquaristik kein Problem. Dieses Buch legt die richtige Grundlage für den erfolgreichen Start einer kleinen und funktionierenden Meereswelt im Mini-Format.

Es gibt praktische Tipps, erläutert grundlegende biologische Zusammenhänge und gibt Empfehlungen für einen optimalen Besatz, damit jedermann dieses Hobby betreiben kann. Unser Bestreben ist, dass es Ihren Tieren und Korallen gut geht und Sie lange an dem faszinierenden Hobby Freude haben. Genießen und beobachten Sie die Entstehung Ihres privaten Miniriffs, denn jeder Tag der Entwicklung ist anders und von Neuem spannend!

Sandra Preis

# Technik – gar nicht kompliziert

Je nach Korallenbesatz und Größe des Aquariums unterscheiden sich die technischen Anforderungen etwas. Am Anfang steht auch die Entscheidung, welche Korallenarten in das Aquarium einziehen sollen. Entsprechende Informationen finden sich ab Seite 20.

Natürlich gehört auch die richtige Wahl des Aquariums dazu. Im Fachhandel gibt es heute durchdachte Meerwasser-Sets in ansprechendem Design. Aber auch ein Süßwasseraquarium lässt sich mit ein paar technischen Tricks zu einem gut funktionierenden Meerwasseraquarium umrüsten.

## Standortwahl

Der richtige Platz des Mini-Aquariums ist auch ganz entscheidend für eine erfolgreiche Pflege der Meeresbewohner. Direkte Sonneneinstrahlung sollte vermieden werden, damit es nicht zu unkontrollierter Algenbildung und Temperaturschwankungen kommt. Auch Plätze direkt über oder neben Heizungen und Kaminen sind nicht ideal. Sie sollten auch mühelos daran arbeiten können, ohne jedes Mal Wohnung oder Büro umräumen zu müssen. Wichtig sind auch ausreichend Steckdosen in der Nähe des Stellplatzes (je nach Größe des Aquariums werden drei bis sechs Anschlüsse benötigt).

## Pumpe

Pumpen braucht man zur Erzeugung von Strömung im Aquarium. Da Korallen nicht selbst ihren Standort wechseln können, benötigen sie die richtige Wasserbewegung um Nahrung und Sauerstoff aufzunehmen. Außerdem müssen Schwebeteilchen mittels Watte oder Abschäumer ausgefiltert werden.

Die Grundregel besagt, dass eine Pumpe den Beckeninhalt mindestens 5 bis15 mal pro Stunde vollkommen umwälzen soll. In einem 50-Liter-Aquarium sollte die Pumpe bei einer Förderleistung von 250-750 Litern pro Stunde liegen.

Für ein Nano-Riff mit Steinkorallen empfehle ich eine Umwälzung von 10 bis 15 mal pro Stunde. In großen Nano-Aquarien verteilt man die erforderliche Umwälzung auf zwei Pumpen, damit man besonders gute Strömungsverhältnisse und eine gleichmäßige Wärmeverteilung erreicht.

**Tipp:**

Platzieren Sie die Pumpe in die hintere Ecke des Aquariums und richten Sie den Ausstoß der Pumpe zur Mitte der Frontscheibe. Somit werden die Korallen nicht direkt angestrahlt und der Wasserausstoß wird in weichere Wasserbewegungen umgewandelt.

Bei Nano-Sets aus dem Süßwasserbereich tauschen Sie lediglich den Brenner aus. Beachten Sie, dass das Gerät spritzwassergeschützt und wasserdicht ist.

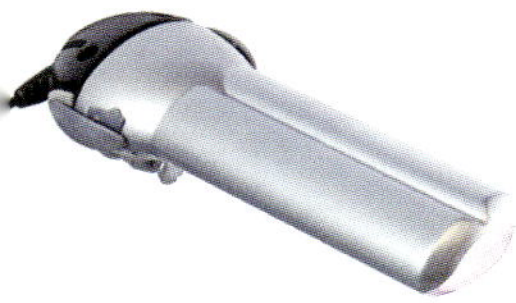

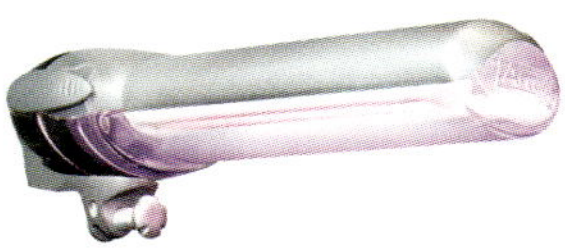

## Beleuchtung

Die richtige Beleuchtung ist in Riffaquarien von essentieller Bedeutung, denn viele Korallen und andere Niedere Tiere besitzen Zooxanthellen (eingelagerte symbiotische Algen) und betreiben zu ihrer Ernährung Fotosynthese. Dafür benötigen sie natürlich das richtige Licht, damit sie nicht verhungern. Grundsätzlich empfiehlt sich immer eine Kombination aus blauen und weißen Röhren. Bei der weißen Beleuchtung sollte das Lichtspektrum mindestens 6.500 Kelvin und bei dem blauen Spektrum mindestens 14.000 Kelvin betragen. Mit T5-Röhren kann man sich die richtige Beleuchtung zusammenstellen und mit guten Reflektoren erhöht man zusätzlich die Lichtausbeute. Verschiedene Hersteller bieten auch Kompaktlampen mit integrierten Reflektoren an. Auch mit der älteren Generation von T8-Röhren kann man ein Nano-Riff mit einfacherem Korallenbesatz gut beleuchten.

## Heizung

Da es sich um tropische Tiere handelt, sollten Sie optimal bei 25 bis 26 °C gehalten werden. Hierfür haben sich Stabheizer bewährt, die mit einem entsprechenden Regelsystem ausgestattet sind.

Achten Sie darauf, dass die Tiere nicht in direkten Kontakt zum Glasstab kommen. Manche Tiere (z.B. Anemonen und Seesterne) haben kein Hitzeempfinden und können bei Berührung mit dem heißen Glaskörper Verbrennungen erleiden. Die einfachste Methode ist, den Heizer in ein Kunststoffrohr zu stecken, mit mindestens einem Zentimeter Abstand, und das Rohr mit ein paar Löchern zu versehen.

Kontrollieren Sie stets die Temperatur mit einem Tauch-/oder Digitalthermometer, da ein Unterkühlen oder Überhitzen fatale Folgen haben könnte. Im Fachhandel finden Sie praktische kleine Modelle speziell für die Nano-Aquaristik.

Stabheizer sollten bei einer Vergesellschaftung von Seesternen und Anemonen zusätzlich mit einem Kunststoffrohr ummantelt werden.

**Tipp:**

Spülen Sie Filterwatte vor dem ersten Gebrauch immer mit lauwarmem Wasser aus!

## Abschäumer

In großen Aquarien ist es üblich, einen Eiweißabschäumer zu benutzen. Bei der Abschäumung werden ständig kleine Luftbläschen erzeugt, die nach oben steigen und aufgrund der Adhäsion bevorzugt Eiweiß und kleinste Schwebepartikel aus dem Wasser aufnehmen. Das schadstoffhaltige Eiweiß sammelt sich dann oben im Schaumtopf an und kann einfach entfernt werden. Dieses Verfahren bringt auch zusätzlich Sauerstoff ins Aquarium. Bei kleinen Nano-Riffen macht es erst ab etwa 50 l Beckenvolumen Sinn, einen Abschäumer zu verwenden, denn er nimmt recht viel Platz ein und im kleinen Becken lassen sich die Schadstoffe leicht über Wasserwechsel oder eine kurzzeitige mechanische Filterung rausholen. In Nano-Aquarien ohne Abschäumer kann man für die zusätzliche Sauerstoffversorgung auch ein kleines Stück höhere Algen (z.B. *Caulerpa*) einbringen.

## Mechanische Filterung

Die einfachste Methode, um Schwebeteilchen und andere Schadstoffe zu entfernen, ist der Einsatz einer Strömungspumpe mit anhängendem Filterkorb. Diese Körbchen kann man je nach Bedarf mit den entsprechenden Filtermedien bestücken. Da diese Filterkörper Schlitze haben, ist darauf zu achten, dass insbesondere kleine Tiere nicht hineingeraten können. Am besten befüllt man sie mit Filterwatte. Waschen oder tauschen Sie die Filtermaterialien wie Aktivkohle/Watte nach drei bis sieben Tagen aus, da die Schadstoffe sonst das Aquarienwasser belasten.

## Nano-Sets

Der Kreativität sind heute keine Grenzen gesetzt, denn es gibt die unterschiedlichsten Aquarienformen im Nano-Bereich. Vom kleinen Würfelaquarium für den Schreibtisch über Nano-Aquarien mit Unterschrank bis hin zu Wandaquarien.

Auch im Bereich der größeren Volumen gibt es sogenannte Plug

Im Fachhandel sind praktische Starter-Kits mit allen wichtigen Komponenten zu finden.

and Play-Systeme, die mit sämtlicher Technik ausgestattet sind. Für jeden Geschmack ist etwas dabei, man muss sich nur noch entscheiden können! Für das Innenleben ist dabei auch gesorgt: Hersteller bieten auch hier Komplett-Sets mit Meersalz, Bodengrund, Bakterienstarter und sonstigem aquaristischen Zubehör an.

## Lebende Steine

Heute verwendet man in Meerwasseraquarien keine biologischen Filtermedien mehr, da sich das Material in kürzester Zeit in biologische Filtermasse umwandelt. Dies hat zur Folge, dass sich schnell unerwünschte Schadstoffe im Aquarienwasser ansammeln. Die Filterung im Nano-Aquarium sollte ausschließlich über die lebenden Steine erfolgen. Lebende Steine sind poröse Kalksteine aus dem Meer, auf denen die Bakterienstämme Nitrobacter und Nitrosomas angesiedelt sind. Das Riffgestein kommt per Luftfracht in Styroporboxen feucht verpackt zum Fachhandel und wird dort unter Wasser gehältert. Durch den Transport sind die Bakterienstämme zwar etwas geschädigt, erholen sich aber im Aquarium bald wieder. Es empfiehlt sich, zusätzlich ein Bakterienpräparat hinzu zu geben, damit die Bakterien sich vermehren können.

Gutes Riffgestein erkennt man am Bewuchs, an den vielen rosafarbenen Kalkrotalgen, aber auch an Resten von Schwämmen oder hochwachsenden Algenarten in Dunkelrot oder Grün. Es können auch Reste von Korallen darauf sein, die sich nach einigen Wochen im Aquarium wieder erholen. Wenn das Riffgestein ein paar Tage im Einsatz ist, kann man schon die ersten Kleinstlebewesen entdecken: Schlangenseesterne, Flohkrebse und Schnecken. Das Gestein sollte porös und leicht sein. Man rechnet etwa 10 % des Beckenvolumens in Kilogramm. Bei einem 50-Liter-Aquarium benötigen Sie circa 5 kg lebendes Riffgestein.

**Tipp:**

Bevor Sie die Steine ins Aquarium einbringen, sollten Sie sie genau untersuchen, da auch unerwünschte Lebewesen in oder an den Steinen sein können.

# Eingerichtet und richtig gestartet

## Bodengrund

Der richtige Bodengrund im Nanoaquarium ist von entscheidender Bedeutung. Mittlerweile werden sehr feine, kalkhaltige Materialien verwendet, die dem natürlichen Sand im Meer gleichen. Bei einem groben Material kann sich schnell Schmutz bzw. Detritus absetzen. Feiner Sand dagegen ist sehr dicht und Verschmutzungen sammeln sich an den Oberfläche und können durch die richtige Strömung, mittels mechanischer Filterung, Wasserwechsel oder Abschäumung problemlos entfernt werden.

Vorzugsweise wird möglichst weißer Sand eingebracht, da hier der optische Kontrast zu den Riffbewohnern besonders gut ist. Die Körnung beträgt kaum mehr als 1 bis 2 mm, was für verschiedene Bodenbewohner von Vorteil ist. Einige Tiere wie Schnecken, Seesterne, Lippfische, Röhrenwürmer und Anemonen graben sich in den Sand ein. Aber auch kleine Grundelarten und Knallkrebse können sich Höhlen bauen und den feinen Sand besser nach ihren Bedürfnissen bearbeiten. Der Bodengrund sollte im Nano-Riff nicht höher als 2 bis 3 cm sein. Mein persönlicher Favorit ist ein weißer Sand mit einer 0,5 bis 1,25 mm Körnung aus Kalzium-/und Magnesiumverbindungen, der zusätzlich die Wasserwerte begünstigt.

Ein feiner, weißer Sand ist ideal, um die Aquarienbewohner optimal beobachten zu können.

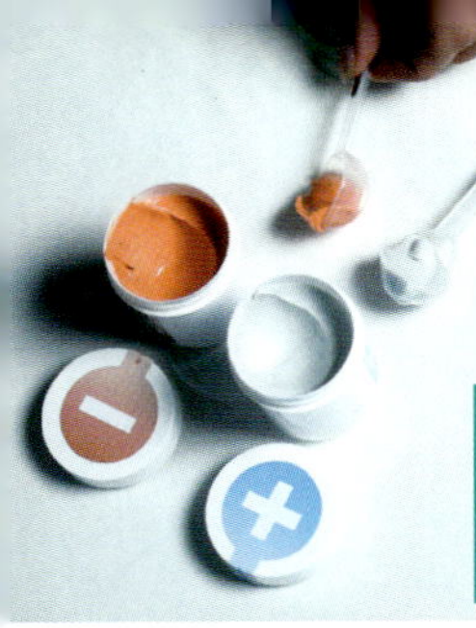

2-Komponenten-Korallenkleber nach Anweisung vorbereiten.

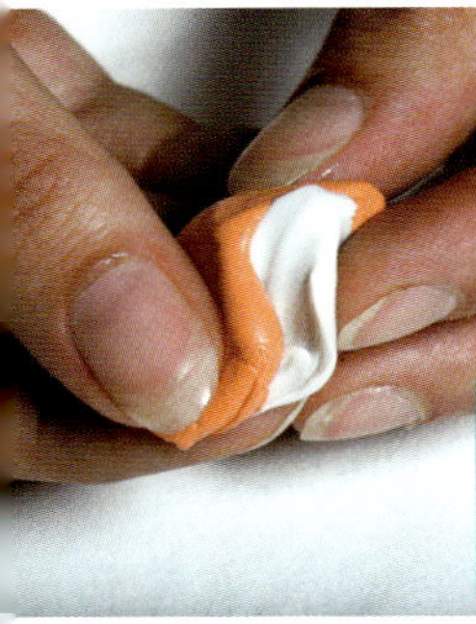

Beide Komponenten zu einer homogenen Masse verkneten.

Masse auf Ableger- oder Riffstein drücken.

Korallenableger in die Masse einsetzen.

Masse leicht um die Koralle andrücken.

## Dekoration

Bevor man den Bodengrund einbringt, sollte man zum Schutz des Aquariums eine PVC-Platte auf die Bodenscheibe legen. Riffsteine können nämlich sehr spitz sein und Glasbruch kann so leicht vermieden werden. Bei Plexiglas-Aquarien braucht man diese Vorkehrung nicht zu treffen.

Zu empfehlen ist, immer ein Gleichgewicht aus plattenförmigen und brockenähnlichen Riffsteinen zu kaufen. So hat man es leichter, Höhlen und Schluchten zu bauen. Achten Sie auch darauf, dass die Steine fest stehen und nicht verrutschen. Ein nach hinten ansteigender Riffaufbau vergrößert die Optik und man kann später die Meeresbewohner besser beobachten.

## Gestaltung

Die Gestaltung beginnt mit dem Einsetzen der Korallentiere. Man sollte sich vorher genau überlegen, für welche Tiere man sich entscheidet und welche Ansprüche (Licht, Strömung, Nahrung) diese haben. So ist es leichter, die Korallen richtig zu platzieren.

Hartwachsende Korallen (z.B. Steinkorallen) bekommt man häufig auf Ablegersteinen, die kann man ganz einfach auf den Riffaufbau stellen kann. Es gibt aber auch spezielle Knetkleber für Korallen, um diese mühelos im Riff zu befestigen. Für Weich- und Lederkorallen empfiehlt sich ein Flüssigkleber, da dieser bei weichem Gewebe besser haftet.

**Tipp:**

Wenn Wasser im Nano-Riff verdunstet, dann füllen Sie auch nur mit mineralisiertem sauberem Leitungswasser auf. Das notwendige Salz ist ja im Aquarium geblieben!

## Wasseraufbereitung

Die Qualität des Leitungswassers ist meistens nicht gut genug, um es für Meerwasseraquarien zu verwenden. Deshalb muss man vor dem Einsatz folgende Wasserwerte überprüfen. Nitrat unter 5 mg, Phosphat unter 0,1 mg und Silicat unter 0,3 mg. Liegt Ihr Leitungswasser außerhalb dieses optimalen Bereichs, haben Sie mehrere Möglichkeiten, mit sauberem Leitungswasser zu arbeiten.

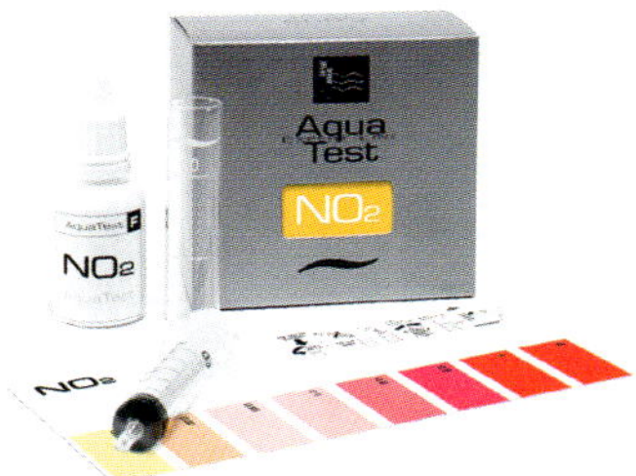


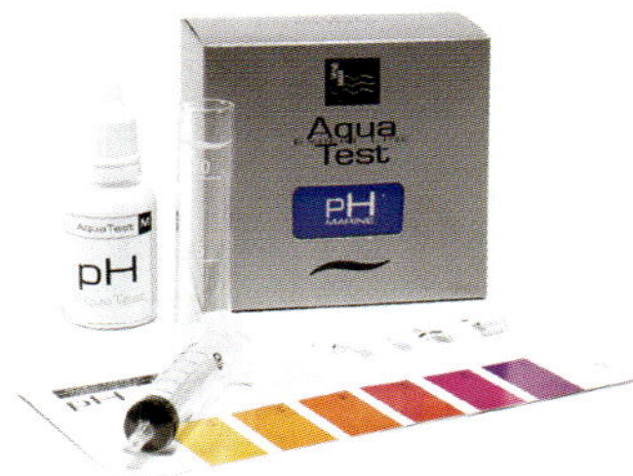


Wassertests helfen die Wasserwerte zu kontrollieren.

## Osmosewasser

Eine Umkehrosmoseanlage wird direkt am Wasseranschluss installiert und entfernt über Membranen Schadstoffe und Mineralien aus dem Leitungswasser. Bei sehr hohen Silicatwerten muss gegebenenfalls ein zusätzlicher Silicatfilter verwendet werden. Der Kauf einer Umkehrosmoseanlage ist relativ kostspielig und es ist zu bedenken, dass dreimal mehr Abwasser als Reinwasser produziert wird.

Alternativ kann man sich Osmosewasser aber auch kaufen. Viele Fachgeschäfte bieten Osmose- und fertig angesetztes Meerwasser zum Kauf an. Eine weitere Möglichkeit an Meerwasser zu kommen ist sich im Handel (z. B. Baumarkt, Lebensmittelmarkt) destilliertes Wasser zu kaufen und das Meerwasser selbst anzusetzen.

Destilliertem Wasser/Osmosewasser sind nicht nur Schadstoffe, sondern auch Kalk und Mineralien entzogen worden. Diese Spurenelemente müssen dem gereinigten Wasser wieder mittels entsprechender Pflegeprodukte aus dem Fachhandel zugefügt werden.

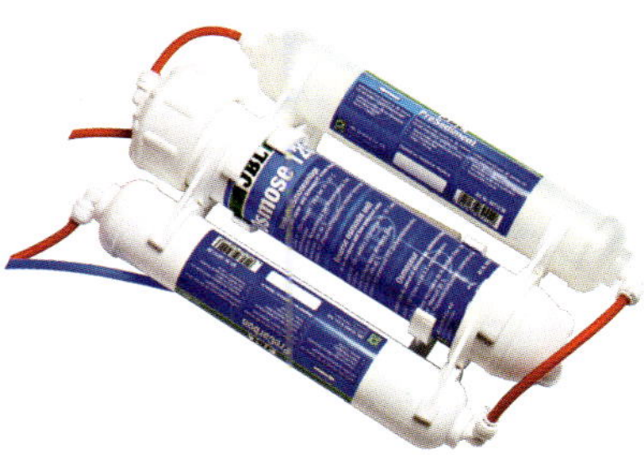

Mittels einer Umkehrosmoseanlage lässt sich Leitungswasser von Schadstoffen befreien und für das Aquarium aufbereiten.

## Meerwasser

Für das Ansetzen von Meerwasser verwenden Sie am besten einen Kunststoffeimer aus PE. Befüllen Sie das Gefäß mit dem zuvor gereinigten Süßwasser und heizen es auf 25 °C auf. Das Salz löst sich bei dieser Temperatur am besten. Für die Zirkulation schließen Sie noch eine kleine Förderpumpe oder Luftpumpe an und nach kurzer Zeit wird das Wasser klar.

Es gibt sehr viele Meersalzsorten auf dem Markt. Achten Sie beim Kauf auf eine qualitativ hochwertige Mischung mit ausreichend Mineralien (insbesondere Kalzium und Magnesium). In der Regel benötigen Sie bei guten Marken 310 bis 350 g Meersalz auf 10 Liter Wasser. Am einfachsten wiegen Sie die benötigte Menge Meersalz mit einer Küchenwaage ab und kontrollieren Sie nach dem Ansetzen die Salzdichte. Bei Messung mit einem Aräometer liegt der optimale Bereich zwischen 1.022 und 1.024 und bei einem Refraktometer 35 Promille.

Da frisch angesetztes Meerwasser am Anfang in seiner Konzentration aggressiv ist, sollte bei einer Neueinrichtung erst nach frühestens drei Tagen das lebende Riffgestein eingesetzt werden.

Tipp:
Im angesetzten Meerwasser kann es unter Umständen zu Kalkausfällungen kommen. Geben Sie ganz einfach einen Schluck stark kohlensäurehaltiges Mineralwasser hinzu. Das löst die Ausfällungen wieder!

Ein Refraktometer ist hilfreich für die Messung der Salzdichte.

Das Aräometer bestimmt ebenfalls die Salzdichte und zusätzlich ist ein Thermometer integriert.

## Einfahrphase

Nachdem die ersten lebenden Riffsteine ins Nano-Aquarium eingebracht wurden, beginnt die Einfahrphase. In diesen ersten Wochen des Aquariums spielt die Biologie verrückt, denn die wichtigen Bakterien des Riffgesteins müssen sich erst erholen und vermehren. Mit entsprechenden Bakterienpräparaten begünstigt man eine schnellere Einstellung des Bakterienhaushalts.

Anfänglich zeigt sich meist ein unschöner grüner oder brauner Algenbelag. Aber keine Panik, das ist normal und gehört zum Reifeprozess des Aquariums. Wenn Sie normales Leitungswasser verwenden, kann die Braunalgenphase länger andauern, sollte das Algenwachstum extrem stark sein, dann helfen Sie mit einem Silicatabsorber aus dem Fachhandel nach.

Durch einen Anstieg von Ammoniak, die Umwandlung zu Nitrit und nachfolgend zu Nitrat lässt sich die Wasserveränderung mittels Wassertests nachmessen. Wenn die Algen langsam abnehmen und ihr Nano-Aquarium kein Nitrit mehr aufweist, können Sie die ersten Meeresbewohner wie Einsiedlerkrebse und Schnecken einsetzen. Diese Tiere fressen dann die restlichen Algen vom Boden und dem Steinaufbau.

**Einfahrphase**

| Ammonium | Nitritphase braune Kieselalgen | Nitratphase grüne Fadenalgen | Nitrat | Kalkrotalgen |
|---|---|---|---|---|
| 1. Woche | 2. bis 5. Woche | 6. bis 8. Woche | 9. bis 11. Woche | 12. bis 20. Woche |
| Neueinrichtung mit Riffgestein; Impfen mit Bakterien | Impfen mit Bakterien; ab der 4. Woche Einsetzen von höheren Algen z.B. Caulerpa | Einsatz von algenfressenden Tieren wie Einsiedler oder Schnecken | Einsatz erster unempfindlicher Korallen; ab der 10. Woche Einsatz von Garnelen | Erstbesatz der Fische; Vervollständigen des Korallenbesatzes |

# In 7 Schritten zum perfekten Becken

**Step 1**

Zum Schutz der Bodenscheibe die Plexiglas-/PVC-Platte auf den Boden legen.

**Step 2**

Bodengrund waschen und in einer Höhe von ca. 2 bis 3 cm einfüllen.

**Step 3**

Die Technik wird im Becken vorinstalliert.

**Step 4**

Mit einer Gießkanne wird das Becken mit dem fertigen Meerwasser gefüllt. Wasser über einen Teller laufen lassen, damit der Bodengrund nicht zu stark aufgewühlt wird. Strömungspumpe und Heizer in Betrieb nehmen.

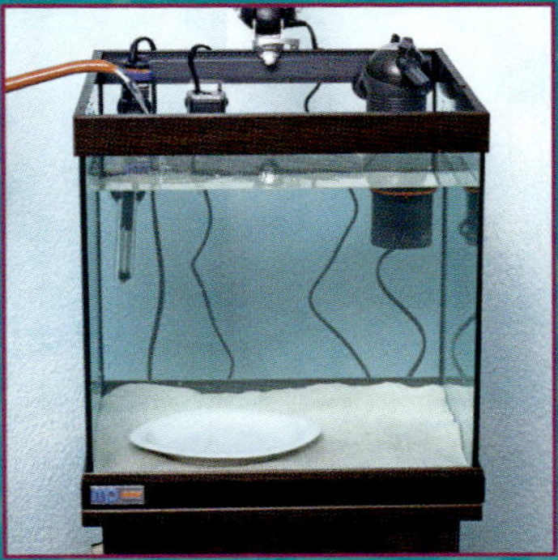

**Step 5**

Lebendes Riffgestein im Aquarium platzieren.

**Step 6**

Aquarium mit Bakterienstarter impfen.

**Step 7**

Beleuchtung (und falls vorhanden Abschäumer) in Betrieb nehmen. Nun kann die Einlaufphase beginnen.

# Korallen – so wird's bunt im Nano-Riff

### Warum eigentlich Korallen?

Vielleicht fragen Sie sich ja, wofür man in solch einem kleinen Becken überhaupt Korallen braucht. Diese Frage ist schnell und einfach beantwortet: Zum Wohle der Lebewesen. Zum einen entfalten viele Meeresbewohner ihr Sozialverhalten erst richtig, wenn das Aquarienriff ihrer natürlichen Umgebung gleichkommt. Andererseits sind Korallen wichtig für das biologische Gleichgewicht im Miniriff. Wie bei fast allen festsitzenden Meerestieren, handelt es sich auch bei Korallen um Filtrierer, das bedeutet, sie ernähren sich auch durch das Herausfiltern von Plankton, Nährstoffen und Spurenelementen aus dem Meerwasser. Viele Korallen – besonders die riffbildenden Steinkorallen, die nahe an der Wasseroberfläche leben – ernähren sich jedoch nicht alleine durchs Filtrieren, sondern durch eingelagerte Symbiosealgen, sogenannte Zooxanthellen, die auch für die intensiven Farben im Gewebe verantwortlich sind. Diese Prozesse sind ein wichtiger Beitrag für ein gesundes Wasserklima und ein gut funktionierendes Nano-Riff.

### Auswahl

Die Korallenauswahl richtet sich nach der technischen Ausstattung, Beleuchtung und dem persönlichen Aufwand, den man betreiben will. Für Anfänger empfehlen sich Weich-, Horn-, Röhren-, und Lederkorallen sowie Krusten- und Scheibenanemonen. Wer es etwas anspruchsvoller mag und sein Nano-Riff mit der geeigneten Technik ausgestattet hat, kann sich an die klein- und großpolypigen Steinkorallen wagen.

Die nachfolgend vorgestellten Korallen sind alle für Anfänger empfehlenswert. Auch die hier genannten Steinkorallen sind in der Pflege recht unproblematisch.

Manchen Aquarianer wird es bestimmt reizen, ein reines Korallenaquarium zu betreiben, da die faszinierende Vielfalt an Farben und Formen gigantisch und der Wuchs der verschiedenen Arten sehr interessant zu beobachten ist. Ein buntes Korallenaquarium ist ein Highlight in jeder Wohnung oder jedem Büro.

## Mineralien

Die richtige Mineralienversorgung führt man im Nano-Riff am einfachsten über den Wasserwechsel durch. Mit einem Wasserwechsel sollten Sie auch nach Abschluss der Einfahrphase und nach dem ersten Einsetzen von Tieren beginnen. Am besten einmal wöchentlich mindestens 10 % des Beckenvolumens. Die Wasserparamenter können in einem Nano-Riff schneller entgleiten als in einem großen Riffaquarium. Deshalb sollten Sie auch immer ein hochwertiges Meersalz verwenden. Dadurch kann man sich auch viele zusätzliche Mittel sparen. Die wichtigsten Parameter sind hier Kalzium, Magnesium und die Karbonathärte. Besonders riffbildende Korallen entziehen dem Meerwasser viele Mineralien, weil sie diese zum Aufbau ihres Kalkskeletts benötigen. Hier müssen Sie gegebenenfalls entsprechende Präparate zugeben, um die Wasserwerte im Gleichgewicht zu halten. Im Fachhandel finden Sie spezielle Zusätze in kleinen Nano-Abpackungen, die das Dosieren sehr einfach machen.

## Futter

Da man in einer recht kleinen Wassermenge verhältnismäßig viele Tiere hat, sollte man die Korallen zusätzlich mit einem Staubfutter füttern. Auch für andere Filtrierer und Kleinstlebewesen wie Muscheln, Garnelen, Röhrenwürmer und Krabben ist das Futter ein wichtiger Nährstofflieferant. Das Zufüttern steigert zusätzlich das Wachstum der Korallen und schützt den Korallenschleim der Tentakeln und Polypen. Die Farben der Korallen werden gehalten oder verbessern sich durch regelmäßige Fütterung. Bei einer Futterzugabe ist es besonders interessant zu beobachten, wie großpolypige Korallen aktiv ihre Tentakeln oder Polypen ausfahren, um auf Futterfang zu gehen.

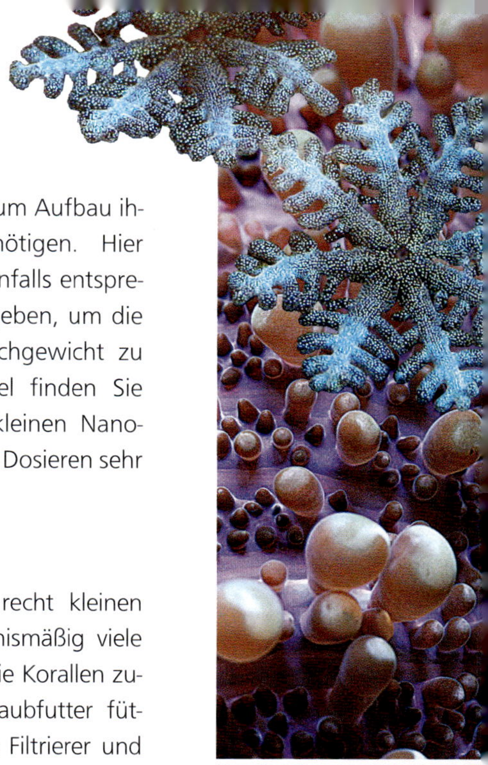

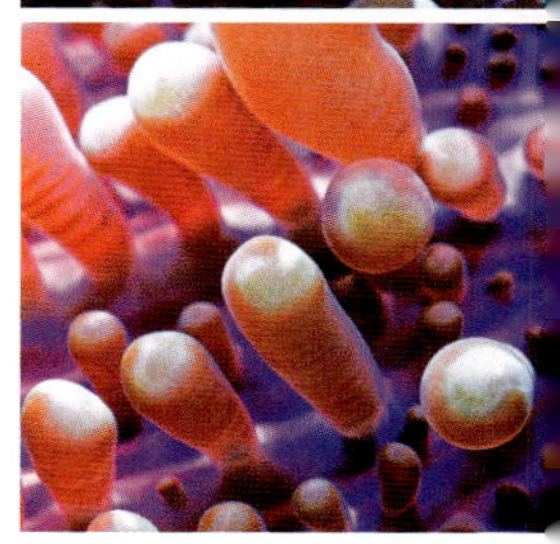

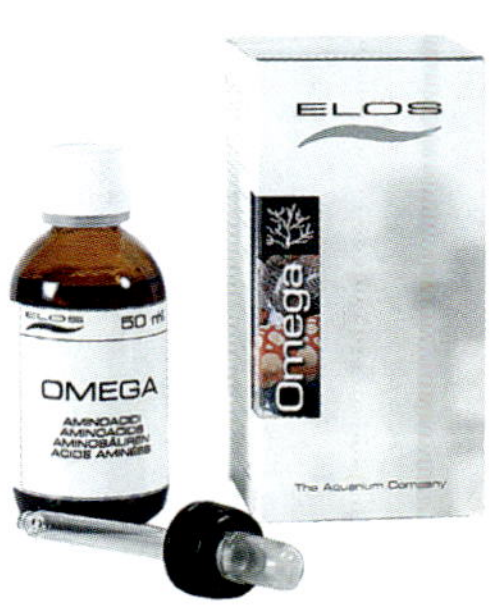

# Krustenanemonen

Krustenanemonen wachsen in Kolonien teppichförmig über das Riffgestein. Sie bestehen aus einzelnen Polypen, die sich gegenseitig mit ihren Tentakeln berühren. Optisch sieht es aus wie ein Blumenmeer, was besonders die Gattung *Zoanthus* zu immer beliebteren Pfleglingen macht, die verstärkt im Fachhandel in den unterschiedlichsten Variationen von Grün, Gelb, Blau, Orange, Rot und Rosa bis Violett auftauchen. Leider sind die Arten noch nicht wissenschaftlich benannt und tragen alle den Namen *Zoanthus* sp. (sp. = engl. species).

Krustenanemonen sind in ihrem natürlichen Lebensraum meist in geringen Tiefen nahe der Wasseroberfläche anzutreffen und im Meer starker Strömung ausgesetzt. Temperaturschwankungen machen ihnen kaum etwas aus. Krustenanemonen sind sehr anpassungsfähig, am besten hält man sie im Aquarium in den oberen Lichtzonen, sie können aber auch problemlos in den dunkleren Regionen des Aquariums angesiedelt werden.

Die Farben der Tiere können sich durch den unterschiedlichen Lichteinfluss und bei höherem Nährstoffgehalt im Wasser verändern. Die Polypen sind stets geöffnet, außer bei der Nahrungsaufnahme, da fangen sie das Futter mit ihren Tentakeln und umschließen es mit ihrer Mundscheibe, wie bei einer fleischfressenden Pflanze. Wenn sie sich zu stark vermehren oder der Platz beschränkt ist, sollte man sie auf einzelnen Substratsteinen ansiedeln. Wenn diese überwachsen sind, kann man sie ganz einfach aus dem Aquarium entnehmen. Gerade für Nano-Aquarien sind diese Tiere sehr interessant, da sie nicht hoch wachsen, sehr robust sind und wunderschöne Farbakzente setzen.

Krustenanemonen sind äußerst anpassungsfähig und vielfarbig.

# *Parazoanthus* sp.

## Gelbe Krustenanemone

Die gelbe Krustenanemone ist ein ideales Anfängertier. Eine einfach zu haltende Art, deren Tentakeln spitz sind. Je weniger Schadstoffe im Aquarium sind, desto leuchtender ist ihre gelbe Farbe.

**Herkunft:**
Indopazifik

**Temperatur:**
24-27 °C

**Futter:**
Artemia, Plankton, Zooxanthellen/Licht

# *Protopalythoa* sp.

## Grüne Krustenanemone

Einfach zu haltende Art, die sich sehr gut vermehrt. Farbe Grün/Braun, die Tentakeln der Polypen sind spitz. Vorsicht beim Umgang mit den Tieren: kein Sekret in Schleimhäute, Augen oder Wunden an den Händen gelangen lassen. Enthält ein sehr starkes Gift.

**Herkunft:**
Indopazifik, Rotes Meer

**Temperatur:**
25-27 °C

**Futter:**
Krill, Artemia, Lobstereier, Zooxanthellen/Licht

# *Zoanthus* sp.
# Krustenanemone

**Herkunft:**
Indopazifik

**Temperatur:**
25-28 °C

**Futter:**
Plankton,
Staubfutter,
Zooxanthellen/Licht

Bei den Krustenanemonen handelt es sich um eine einfache und anpassungsfähige Art, die Tentakeln der Polypen sind rundlich und es gibt sie in sehr vielen bunten Farbvariationen. Die Polypen sind zwei- bis dreifarbig.

# Scheibenanemonen

Wie der Name schon sagt, bestehen diese Tiere aus einer breiten Mundscheibe mit einem darunter sitzenden kurzen Fuß. Mit diesem Fuß besiedeln sie das Steinsubstrat und im besten Fall sitzen die Scheiben so dicht zusammen, dass sie sich gegenseitig hochdrücken und dadurch eine Trichterform bilden. Die Oberflächen der Mundscheiben können stark variieren, von glatt, genoppt, büschelartig, gepunktet, gestreift bis hin zu blasenförmig ist alles möglich.

Aber auch die Vielfalt der Farbenpracht ist nicht außer Acht zu lassen. Gerade in der Gattung der *Ricordea florida* gibt es wohl die schönsten Farbnuancen. Nicht umsonst werden sie auch „Diamonds of the Ocean" genannt! Eine in Deutschland ansässige Farm beschäftigt sich mit der behutsamen Entnahme der Tiere aus dem Meer und deren Vermehrung und Zucht. Im Handel sollte man darauf achten, solche farmgezogenen *Ricordeas* zu erwerben, da die Farm im Sinne des Naturschutzes handelt und hilft, die natürlichen Riffe zu erhalten.

Gerade in kleinen Nano-Riffen kommen Scheibenanemonen besonders gut zur Geltung, da sie nicht sehr hoch und voluminös wachsen. Scheibenanemonen sind grundsätzlich dankbare Korallen, die einem eine Milieuveränderung nicht gleich übel nehmen. Die optimalen Haltungsbedingungen sind hier sehr einfach erklärt: Weniger ist mehr! Sie mögen lieber mittlere bis ruhige Strömung und die meisten Sorten auch nur mäßig viel Licht. Im Aquarium siedelt man sie am besten im mittleren Bereich bis Bodennähe an. Für Nano-Aquarien mit geringerem technischen Aufwand und Einsteiger sind diese Korallen die perfekten Pfleglinge.

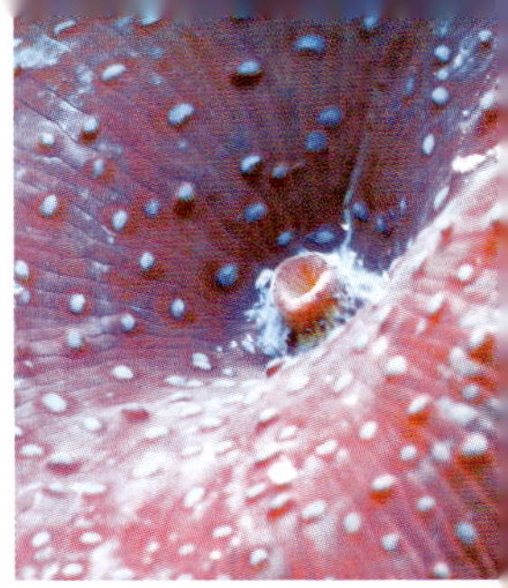

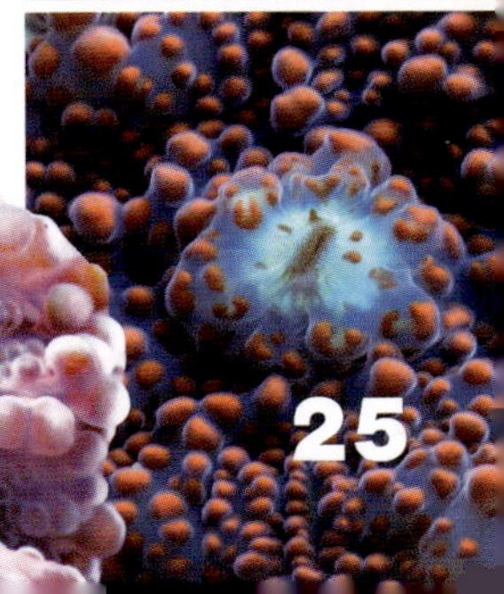

# *Discosoma sanctithomae*
# Scheibenanemone

**Herkunft:**
Atlantik, Karibik

**Temperatur:**
24-26 °C

**Futter:**
Plankton,
Zooxanthellen/Licht

Sehr schön anzusehende Art, leider nicht so häufig im Handel. Einfach in der Haltung bei mäßiger Strömung und mittlerem bis hohem Lichtbedarf. Besonderes Merkmal sind auf der Oberfläche der Mundscheibe blasenförmige Knubbel.

# *Discosoma* sp.
# Scheibenanemone, violett-blau und rot

**Herkunft:**
Indopazifik

**Temperatur:**
23-28 °C

**Futter:**
Plankton,
Zooxanthellen/Licht

Wunderschön leuchtende Scheibenanemone, vermehrt sich sehr leicht, braucht nicht viel Licht und eine ruhigere Strömung. Es gibt sie mit ganz glatter Mundscheibe und mit winzigen Noppen.

# *Discosoma striatus*
## Scheibenanemone grün gestreift, blau gestreift

Scheibenanemonen können sich sehr schnell vermehren. Wenn der Platz beschränkt ist, dann siedeln Sie die Korallen für eine leichtere Entnahme aus dem Aquarium auf einzelnen Substratsteinen an. *Discosoma*-Arten können auch nesseln, beachten Sie, dass die Tiere nicht in Konkurrenz zu anderen Korallen geraten.

**Herkunft:**
Indischer Ozean, Rotes Meer

**Temperatur:**
23-28 °C

**Futter:**
Plankton, Zooxanthellen/Licht

# *Discosoma* sp.
## Scheibenanemone

Eher seltenere hübsche *Discosoma*-Art. Gedeiht bei mittlerem bis hohem Lichteinfluss und ruhigerer Strömung. Die Färbung kann ein wenig variieren von helleren bis kräftigen Farben (je nach Schadstoffgehalt und Lichtzone im Aquarium). Die Scheiben wachsen sehr dicht nebeneinander.

**Herkunft:**
Indopazifik

**Temperatur:**
23-28 °C

**Futter:**
Staubfutter, Plankton, Zooxanthellen/Licht

# *Ricordea yuma*
# Genoppte Scheibenanemone

**Herkunft:**
Indopazifik

**Temperatur:**
24-27 °C

**Futter:**
Staubfutter,
Plankton,
Zooxanthellen/Licht

*Ricordea yuma* sind hübsch anzusehen in verschiedenen Farben, aber meist nicht so knallig wie *Ricordea florida*. Die Tentakeln sind etwas unregelmäßig genoppt, von den Pflegeansprüchen auch eine einfach zu haltende Art.

# *Ricordea florida*
# Karibik Scheibenanemone

*Ricordea* bedeutet übersetzt soviel wie 1.000 Perlen. Sie können eine Größe von 4 bis 10 cm erreichen. *Ricordea florida* siedelt man am besten in einer kleinen Gruppe, dicht nebeneinander an, da sie es lieben, sich gegenseitig mit ihren Tentakeln zu berühren. Typisch für *Ricordea florida* ist, dass ein Polyp mehrere Mundöffnungen (bis zu sechs) bilden kann.

Sie benötigen eine mittlere bis ruhige Strömung und ein ausgeglichenes Licht von Blau und Weiß. So kommen auch am besten ihre Farben zur Geltung. Besondere Liebhaberstücke sind die *Ricordea florida multicolor,* diese Tiere sind ganz außergewöhnlich in ihrem Farbspektrum.

**Herkunft:**
Atlantik, Karibik

**Temperatur:**
24-27 °C

**Futter:**
Staubfutter,
Plankton,
Zooxanthellen/Licht

Foto: Ricordea-Farm.com

# Weich- und Lederkorallen

Die meisten Weich- und Lederkorallenarten wachsen als baumähnliche Stämme, die sich nach oben hin in Form von Ästen verzweigen oder eine Scheibe wie ein Pilz ausbilden. Sie bestehen aus einer dicken Gewebeschicht ohne ein Skelett. *Anthelia*- und *Xenia*-Arten sind vom Wuchs etwas anders, sie besiedeln flächig die Bodenschicht mit ihren Polypen und bilden sich als Kolonien aus. Diese Arten bringen gerne andere Korallen mit ihrer massiven Ausbreitung in Bedrängnis und neigen dazu, sie zu vernesseln. Deshalb ist es ratsam, sie nur in Nano-Aquarien von mindestens 25 Liter Volumen einzubringen. Diese Korallenarten sind in den Weltmeeren weit verbreitet und meist in geringen Tiefen anzutreffen, wobei sie im Aquarium auch gut mit weniger Licht auskommen. Gerade die Gattung der Lederkorallen ist sehr pflegeleicht und entwickelt sich selbst bei einem dauerhaften leichten Schadstoffgehalt in Form von Nitrat und Phosphat noch gut. In der Regel wachsen die meisten Weich- und Lederkorallen sehr schnell, wenn sie zu groß werden, kann man mit einer Rasierklinge einzelne Äste bzw. ein Teilstück aus einer Lederkorallenkolonie abschneiden, um wieder den gewünschten Bonsai-Effekt zu erzielen. Die Fragmente kann man dann an anderer Stelle im Aquarium ansiedeln, indem man sie anklebt oder vorsichtig zwischen die Riffsteine klemmt. Weichkorallenbäumchen oder Pilzlederkorallen sind optimal, um optisch Höhe zu erreichen und schöne Hingucker, da sie sich mit der Strömung bewegen.

Die Pilzlederkoralle bewegt sich reizvoll in der Strömung.

# *Anthelia* sp.

# Zartgefiederte Straußenkoralle

In der Regel einfach zu haltende Koralle, sollte viel Licht bekommen und ausreichend Strömung, damit ihre Polypen immer in Bewegung sind. Reagiert etwas empfindlich auf Schmieralgen und andere Formen von Algenbewuchs. Breitet sich meistens schnell und flächig aus – deshalb nicht in zu kleinen Nano-Aquarien ansiedeln.

**Herkunft:**
Indopazifik,
Rotes Meer,
Australien

**Temperatur:**
24-27 °C

**Futter:**
Plankton,
Zooxanthellen/Licht

# *Capnella imbricata*

# Bäumchenweichkoralle, Keniabäumchen

Sehr beliebte und weit verbreitete Art, die auch einfach in der Pflege ist. Man kann sie sehr häufig als Nachzucht erwerben. Sie braucht mittleres bis viel Licht. Sollte aber zu anderen Korallengattungen mit etwas Abstand platziert werden, da sie in der Lage ist zu nesseln.

**Herkunft:**
Indopazifik

**Temperatur:**
23-28 °C

**Futter:**
Plankton,
Staubfutter,
Zooxanthellen/Licht

## *Cespitularia* sp.
## Weichkoralle

**Herkunft:**
Indischer Ozean

**Temperatur:**
24-27 °C

**Futter:**
Zooxanthellen/Licht

Wunderschöne, bläulich schimmernde Koralle, hier sollten Nitrat- und Phosphatwerte nahezu 0 sein, damit sie sich gut etabliert und ihre schöne Farbe behält. Ansonsten mittleres bis viel Licht und ausreichende Strömungsverhältnisse.

## *Cladiella* sp.
## Weichkoralle

**Herkunft:**
Indopazifik

**Temperatur:**
24-27 °C

**Futter:**
Zooxanthellen/Licht

Hübsche und einfach zu haltende Weichkorallenart, kann aber schnell zu einer beachtlichen Größe heranwachsen. Benötigt mittlere bis starke Strömung und ist mit etwas Abstand zu anderen Korallen anzusiedeln, da sie nesseln kann.

## *Lobophytum compactum*
## Fingerlederkoralle

Sehr robuste Art aus deren Basisgewebe fingerförmige Äste mit kleinen Polypen wachsen. Lederkorallen häuten sich regelmäßig, um sich von Sedimentablagerungen zu befreien. Verträgt gut Milieuveränderungen und leichte Schadstofferhöhungen. Perfektes Anfängertier.

**Herkunft:**
Indopazifik

**Temperatur:**
24-28 °C

**Futter:**
Plankton,
Staubfutter,
Zooxanthellen/Licht

## *Paralcyonidae*
## Bäumchenweichkoralle

Dieses sehr schöne Weichkorallenbäumchen lässt sich gut halten, kommt auch in Rosé oder in hellgrüner Farbabstufung vor. Schadstoffwerte sollten im nicht messbaren Bereich sein, damit sie ihre schöne Farbe behält. Standort im mittleren Strömungsbereich und mittlerer bis hoher Lichtzone.

**Herkunft:**
Indonesien, Fidschi

**Temperatur:**
24-26 °C

**Futter:**
Zooxanthellen/Licht

# *Sarcophyton ehrenbergi*
# Pilzlederkoralle

**Herkunft:**
Indischer Ozean

**Temperatur:**
23-28 °C

**Futter:**
Plankton,
Staubfutter,
Zooxanthellen/Licht

Robuste Anfängerkoralle für mittlere bis starke Strömung, die viel Licht verträgt. Bei optimalen Bedingungen wächst sie schnell und wird dann sehr groß. Kann aber durch Teilen (Abschneiden) vermehrt werden. Gibt es sehr häufig als Nachzucht im Handel.

Foto: Ricordea-Farm.com

# *Sinularia notanda*
# Sinularia

**Herkunft:**
Indopazifik

**Temperatur:**
24-28 °C

**Futter:**
Zooxanthellen/Licht

Buschig aussehende Weichkoralle, sehr häufig im Handel zu finden. Kann bei guten Bedingungen schnell wachsen und groß werden, ist durch Teilen (Abschneiden) einzelner Äste leicht zu vermehren. Sollte mit genügend Abstand zu anderen Korallen eingesetzt werden, da sie nesseln kann.

# *Sinularia dura*

## Lippen- oder Ohrenlederkoralle

Empfehlenswerte Anfängerkoralle. Lederkorallen häuten sich, und sollten sie mehrere Tage ungeöffnet bleiben, kann man ruhig nachhelfen und vorsichtig mit den Fingern drüber streichen, um sie von der Haut zu befreien. Manchmal findet man im Handel eine besonders hübsche *S. dura* von der Insel Tonga mit grünen Randpolypen.

**Herkunft:**
Indopazifik

**Temperatur:**
23-28 °C

**Futter:**
Zooxanthellen/Licht

# *Xenia umbellata*

## Pumpende Xenien

Gut haltbare Koralle, die sich meist schnell und flächig ausbreitet. Deshalb nicht in zu kleinen Aquarien ansiedeln. Kann etwas empfindlich reagieren, wenn zu stark mit Aktivkohle gefiltert wird oder bei Mangel in der Mineralienversorgung. Auffallend sind die Pumpbewegungen, die sie mit ihren Polypen ausübt, um Sauerstoff aus dem Wasser zu resorbieren.

**Herkunft:**
Indopazifik

**Temperatur:**
24-27 °C

**Futter:**
Zooxanthellen/Licht

# Steinkorallen

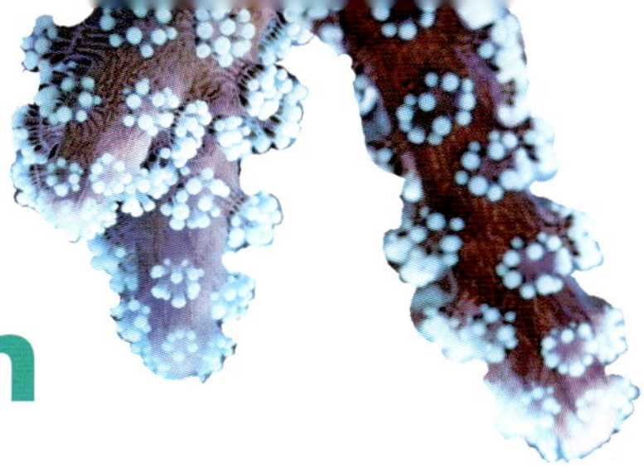

Steinkorallen sind die Organismen, die den Hauptanteil an der Entstehung unseres Ökosystems haben, unsere sogenannten Korallenriffe. Sie entstanden durch das stetige Wachstum von Steinkorallen, die in Symbiose mit Zooxanthellen leben. Man unterscheidet zwischen den sogenannten großpolypigen Korallen LPS (Large Polyp Scleractinia) und den kleinpolypigen Arten SPS (Small Polyp Scleractinia). LPS-Korallen sind meist mit relativ langen Polypen bestückt und nesseln auch mehr als SPS-Korallen, viele besitzen auch Kampftentakeln mit denen sie umliegende Korallen schädigen können. Deshalb sollten bestimmte Sorten mit genügend Abstand zu anderen Korallen eingesetzt werden. Grundsätzlich sind LPS-Korallen als die einfacheren Steinkorallen einzustufen.

Generell gehören Steinkorallen zu den pflegeintensiveren Korallen. Sie benötigen viel Licht, starke Strömung (besonders die SPS-Arten) und optimale Wasserwerte. Um sie zu pflegen, sollte das Aquarium technisch gut ausgerüstet sein, nicht zu klein sein und regelmäßig Wasser gewechselt (wöchentlich ca. 10-20 %) werden.

Auch sollte das Aquarienwasser regelmäßig mit Spurenelementen versorgt werden, besonders mit Kalzium und Magnesium, da Steinkorallen es zum Wachstum benötigen. In großen Aquarien wird dies meist über technische Geräte gelöst. Bei kleinen Nano-Aquarien ist es am einfachsten, flüssige Präparate zu benutzen. Die Gattung *Acropora* (SPS) gehört zu den artenreichsten der Steinkorallen. Sie wird heute sehr stark nachgezüchtet. Gerade für Nano-Aquarien bietet es sich an, keine großen Wildstücke, sondern kleine Ableger zu kaufen. Grundsätzlich haben wir hier eine kleine Auswahl an Steinkorallen getroffen, die auch häufig als Einsteigersteinkorallen bezeichnet werden.

# *Acropora tumida* (SPS)
# Enzmann Acropora

Diese Art ist neongrün gefärbt und wächst bei guten Wasserwerten sehr schnell. Verträgt auch mal eine leichte Schadstoffbelastung, stockt aber dann im Wachstum. Sie schleimt bei Berührung sehr stark und sollte etwas entfernt von anderen Korallen eingesetzt werden. Sie braucht viel Licht und mittlere bis starke Strömung.

**Herkunft:**
Indonesien

**Temperatur:**
24-27 °C

**Futter:**
Zooxanthellen/Licht

# *Caulastrea curvata* und *Caulastrea furcata* (LPS)
# Fingerkoralle, Flötenkoralle

Die beiden Arten sehen sich sehr ähnlich, wobei *C. furcata* kleinere Polypen hat. Die Farben variieren von Neongrün bis Blau. Diese Arten gibt es auch sehr häufig als Nachzuchten. Die Polypen teilen sich und bilden neue Astverbindungen aus. Sie mögen keine starke oder direkte Strömung und sollten in der mittleren Lichtzone platziert werden.

**Herkunft:**
Westpazifik,
Australien,
Indonesien,
Philippinen

**Temperatur:**
24-27 °C

**Futter:**
Plankton,
Staubfutter,
Zooxanthellen/Licht

# *Euphyllia paraancora* (LPS)

## Hammerkoralle

Schnellwachsende *Euphyllia*-Art, die mittlere Lichtstärke bevorzugt und keine direkte Strömung. Ihre Polypen sind hammerförmig, meist in den Farben Grün, Braun, Rosé. Reagiert empfindlich auf mechanische Verletzungen an ihrem Gewebe oder beim Aufkommen von Bohralgen, wie alle *Euphyllia*-Arten.

**Herkunft:**
Indopazifik, Rotes Meer, Australien

**Temperatur:**
24-27 °C

**Futter:**
div. Frostfuttersorten, Staubfutter, Zooxanthellen/Licht

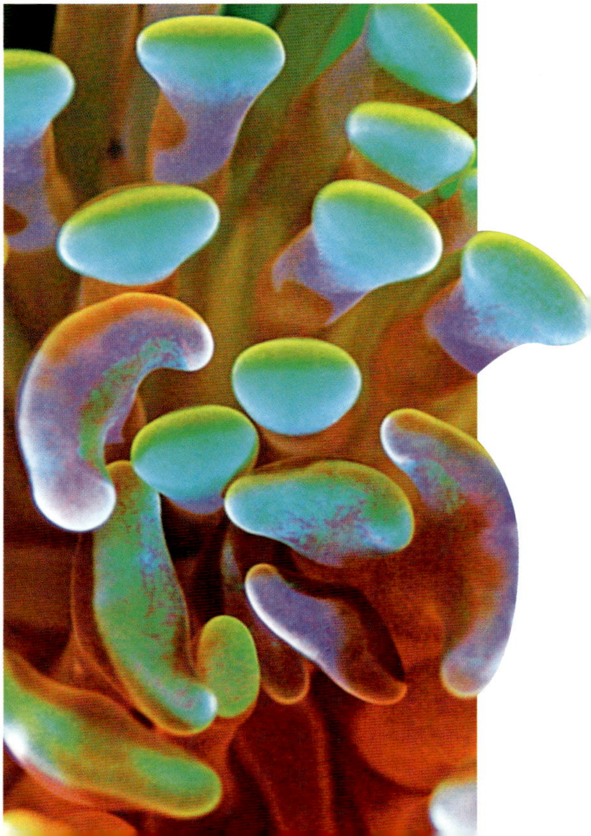

# *Euphyllia divisa* (LPS)
# großpolypige Steinkoralle

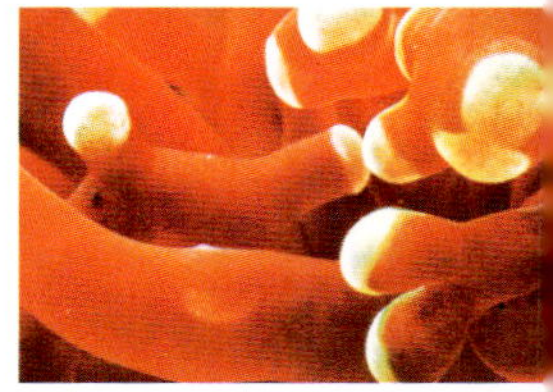

Einfach zu haltende Art, man sollte aber darauf achten, dass sie keine mechanischen Verletzungen erleidet. Sie mag keine direkte Strömung und sollte eher in der mittleren Lichtzone angesiedelt werden.

**Herkunft:**
Indopazifik, Rotes Meer, Australien

**Temperatur:**
24-27 °C

**Futter:**
div. Frostfuttersorten, Staubfutter, Zooxanthellen/Licht

# *Fungia* sp. (LPS)
# Plattenkoralle, Pilzkoralle

Fungias bilden ein Skelett in Form einer Scheibe und sind in der Haltung recht einfach. Sie benötigen Licht, können aber auf dem Boden platziert werden. Sie kommen gut mit leichten Schadstoffwerten zurecht, aber je sauberer das Wasser, desto schöner sind ihre Farben. Sie werden häufig als kleine Ablegerscheiben angeboten, die sich für Nano-Aquarien sehr gut eignen. Ausgewachsen haben sie einen Durchmesser von bis zu 15 cm.

**Herkunft:**
Indopazifik, Südpazifik, Rotes Meer

**Temperatur:**
24-28 °C

**Futter:**
Plankton, Staubfutter, div. Frostfuttersorten, Zooxanthellen/Licht

# *Montipora digitata* (SPS)
# Hochwachsende Montipora

**Herkunft:**
Indonesien, Australien, Mikronesien, Philippinen

**Temperatur:**
24-27 °C

**Futter:**
Zooxanthellen/Licht

Im Handel weit verbreitete Nachzuchtkoralle, die relativ einfach in der Haltung ist. Sie mag viel Licht und mittlere bis starke Strömung. Je besser die Wasserwerte, desto schöner wird ihre Farbe. Sie kommt in einigen Farbvariationen von Grün, Blau und Lila vor. Am häufigsten sieht man die orangerote Variante.

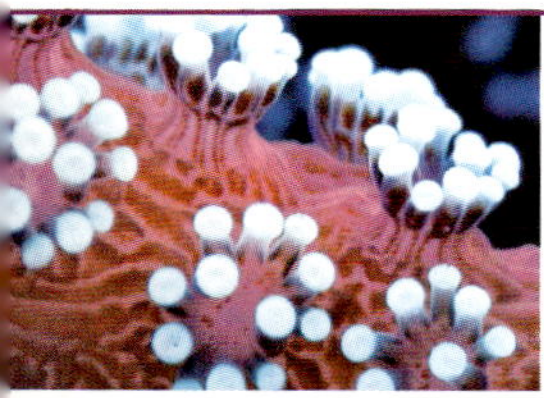

# *Seriatopora caliendrum* (SPS)
# Nadelkoralle, Dornkoralle

**Herkunft:**
Indopazifik

**Temperatur:**
24-27 °C

**Futter:**
Plankton, Staubfutter, Zooxanthellen/Licht

Interessante Art mit wunderschönem Polypenbild. In Wildstöcken findet man oft eine Gallkrabbe, die auch nicht entfernt werden sollte, da sie in einer Art Lebensgemeinschaft mit ihr lebt. Einfach in der Haltung, reagiert nur etwas empfindlich gegen Fadenalgen. Sie sollte ausreichend Licht und mittlere Strömung bekommen. Meist kommt sie in den Farben Grün und Beigeweiß in den Handel.

# *Seriatopora hystrix*

# Christusdorn-Koralle, Stachelbuschkoralle

Eine weit verbreitete Nachzuchtkoralle ist die *Seriatopora hystrix*. Besonderer Beliebtheit erfreut sich die pinke Farbvariante, sie ist aber auch in pinkweiß, pink-lila oder hellgrün-weiß vorzufinden. Sollten die Wasserwerte nicht optimal sein, geht sie ins bräunliche. Sie wächst sehr schnell buschförmig mit zarten, leicht zerbrechlichen Verzweigungen. In Wildstöcken lebt auch oft eine Gallkrabbe namens *Hapalocandris marsupialis.* Diese sollte nicht aus der Koralle entfernt werden, da sie in einer Art Lebensgemeinschaft mit ihr lebt. Bei guten Wasserwerten unproblematische Koralle, die meist nur auf Fadenalgen empfindlich reagiert.

**Herkunft:**
Indonesien, Rotes Meer

**Temperatur:**
24-27 °C

**Futter:**
Zooxanthellen/Licht

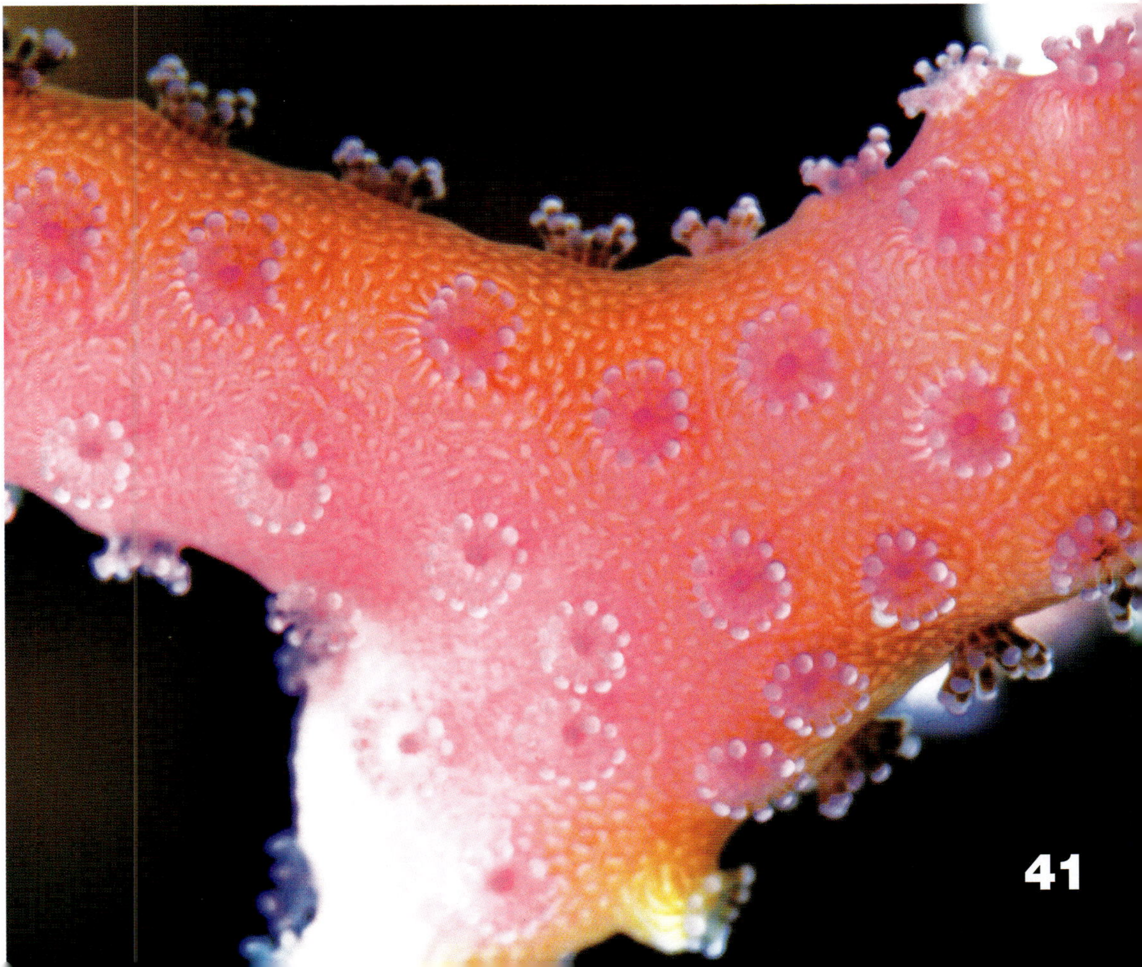

# Horn- und Röhrenkorallen

Hornkorallen (HK) sind in allen Meeren verbreitet. Man bezeichnet sie als Gorgonien oder Seefächer. Man unterscheidet zwischen den Gorgonien aus der Tiefsee, die meist sehr bunt, aber im Aquarium kaum haltbar sind, und Gorgonien aus den lichtdurchfluteten Zonen, die auch für Anfänger zu empfehlen sind. Diese Korallen kommen am häufigsten aus der Karibik und sind in ihrer Farbe meist beige-braun bis violett. Gorgonien wachsen dünn verästelt und meist sehr hoch. Sollten sie im Nano-Aquarium schnell Richtung Wasseroberfläche wachsen, kann man die oberen Äste mit einer scharfen Schere abschneiden und an anderer Stelle wieder ansiedeln. Hornkorallen häuten sich wie die Lederkorallen. Sollte die Haut nicht richtig abgehen, kann man vorsichtig mit den Fingern darüber streichen oder sie kurz vor den Pumpenauslauf halten. Eine Ausnahme unter den Hornkorallen ist *Briareum asbestinum*, sie wächst flach über das Riffgestein, ist grünlich und auch für Einsteiger sehr zu empfehlen.

Röhrenkorallen (RK) bilden ein flaches Bodengeflecht aus dem einzelne Polypen herausragen. Jeder Polyp sieht gleich aus: Er hat eine Mundscheibe und acht Fangarme ähnlich wie eine Blume. Für Einsteiger eine sehr interessante Koralle. Milieuveränderungen verkraftet sie sehr gut, aber ihre Farben dunkeln dann ins Bräunliche ab. Röhrenkorallen vermehren sich bei guten Bedingungen recht schnell, bei sehr kleinen Nano-Aquarien sollte man Röhrenkorallen auf einzelnen Substratsteinen ansiedeln. Wenn diese dann überwachsen sind, kann man sie einfach aus dem Aquarium entnehmen. Grundsätzlich vertragen sie viel Licht und benötigen eine ausreichende Strömung, dann ist das Geflecht immer frei von Ablagerungen.

Die hier gezeigte *Cornularia* hat eine interessante Stern-Struktur.

# *Briareum asbestinum* (HK)

# Krustenkoralle, Füllhornkoralle

Flachwachsende Gorgonie, die sehr oft mit Röhrenkorallen verwechselt wird. Ihre Bodenkruste ist meist grau-rosa und die Polypen grün gefärbt. Werden die Polypen gestört, können sie sich vollständig in die Rinde zurückziehen. Sie sollten viel Licht und eine ausreichende Strömung bekommen. Schnellwachsend – deshalb besser auf einzelnen Substratsteinen ansiedeln.

**Herkunft:**
Indonesien, Karibik

**Temperatur:**
24-28 °C

**Futter:**
Plankton,
Staubfutter,
Zooxanthellen/Licht

# *Clavularia viridis* (RK)

# Grüne Röhrenkoralle

Die Röhrenkoralle ist wunderschön und oft zu sehen. Ihr Basisgeflecht ist rötlich-violett und die Polypen sind bei optimalen Wasserwerten grün, der Polypenkern hingegen weiß. Leichte Schadstofferhöhungen machen ihr nichts aus, aber die Polypen dunkeln ab und werden bräunlich. Man sollte darauf achten, dass sie ausreichend Strömung bekommt und sich kein Sediment auf ihr ablagert. Sie bevorzugt lichtdurchflutete Plätze.

**Herkunft:**
Indonesien,
Rotes Meer

**Temperatur:**
23-28 °C

**Futter:**
Plankton,
Staubfutter,
Zooxanthellen/Licht

# *Knopia octocontacanalis* (RK)
## Röhrenkoralle

**Herkunft:**
Indopazifik

**Temperatur:**
24-28 °C

**Futter:**
Plankton,
Staubfutter,
Zooxanthellen/Licht

Diese Gattung war bis vor Kurzem noch nicht wissenschaftlich benannt und wurde nun von Daniel Knop erfasst. Ihre Polypen sind hell- bis schokobraun und der Polypenkern grüngelb. Im Vergleich zur *C. viridis* sind ihre Polypen nicht gefiedert, sondern paddelförmig verwachsen. Sie bevorzugt abwechslungsreiche Strömung und mittleres bis mäßiges Licht.

# *Pinnigorgia* sp. (HK)
## Hornkoralle, Gorgonie

**Herkunft:**
Indonesien,
Australien,
Philippinen

**Temperatur:**
24-28 °C

**Futter:**
Plankton,
Zooxanthellen/Licht

Im Handel weit verbreitete Gorgonie, die sehr viel nachgezüchtet wird. Sie wächst sehr schnell, braucht viel Licht und mittlere Strömung. Kann leicht durch Fragmentation vermehrt werden. Ihrer Basis entspringen viele federförmige Verzweigungen, die dicht mit Polypen besetzt sind. Werden die Polypen gestört, schließen sie sich kurzfristig. Sehr robuste Art.

# *Plexaura flexuosa* (HK) Bogen-Strauchgorgonie

Selten im Handel, aber eine sehr hübsche Gorgonie. Wächst in fingerförmigen Verzweigungen mit schönen hellen Polypen. Die Farbe variiert zwischen Creme und Gelbbraun. Sie sollte mittleres bis viel Licht bekommen, da sie sich über ihre Zooxanthellen ernährt. Keine direkte, aber abwechslungsreiche Strömung. Das Aquarium sollte mindestens 35 cm hoch sein.

**Herkunft:**
Florida, Karibik

**Temperatur:**
24-28 °C

**Futter:**
Plankton,
Staubfutter,
Zooxanthellen/Licht

# *Pseudopterogorgia bipinnata* (HK) Feder-Gorgonie

Wunderschöne Gorgonie mit violetter Basis und braunen Polypen. Sie benötigt mittleres bis viel Licht und eine abwechslungsreiche Strömung. Lebt nicht nur vom Licht, nimmt auch gerne Staubfutter an, lässt sich sehr gut halten. Bei ihr sollte das Aquarium auch mindestens 35 cm hoch sein. Lässt sich durch Fragmentieren einfach vermehren.

**Herkunft:**
Florida, Karibik

**Temperatur:**
24-28 °C

**Futter:**
Plankton,
Staubfutter,
Zooxanthellen/Licht

# Anemonen

Anemonen sind sehr interessante Tiere, die leider noch relativ unerforscht sind. Es gibt etwa 1.000 Anemonenarten, von denen ca. 50 in der Fachliteratur näher beschrieben sind. Das Einzige, was einige Menschen bisher von einer Anemone gehört haben ist, dass sie ein giftiges Nesselpotenzial besitzt. Was so nicht stimmt! Manche Anemonen haben eine stärkere Klebekraft mit ihren Tentakeln, was nichts über das Nesselgift aussagt, denn in der Natur gehen sie so auf Beutefang, indem kleinere Tiere an ihren Tentakeln kleben bleiben. Manche Menschen reagieren natürlich empfindlich darauf, wenn sie eine Anemone berühren. Manchmal zeigt sich eine leichte Rötung oder Pusteln, die nach wenigen Tagen aber wieder verschwinden. In den sogenannten Wirtsanemonen leben oft Anemonenfische, denen dieses klebrige Sekret nichts ausmacht. Aber auch Garnelen und Krebse leben in Symbiose mit Anemonen.

Beim Kauf einer Anemone sollte man immer auf den Fuß achten, dieser darf nicht verletzt sein. An einem verletzten Fuß können sich schnell Bakterien ansiedeln, an denen die Anemone verenden kann. Anemonen leben zum größten Teil vom Licht, sollten aber auch regelmäßig mit etwas Frostfutter, Artemia, Krill oder Muschelfleisch (je nach Größe der Anemone) zugefüttert werden. Beachten Sie auch bei der Haltung von Anemonen, dass die Temperatur 29 °C nicht überschreitet und dass ihr Heizstab entsprechend geschützt ist, da Hitze Anemonen schwer schaden kann. Grundsätzlich sind Anemonen attraktive Tiere fürs Aquarium und mit einem Symbiosepartner sehr interessant zu beobachten.

Achtung! Plagegeist

## *Aiptasia diaphana*

## Glasrose

Glasrosen sind in allen Meeren verbreitet und gehören zur Gattung der Seeanemonen. Eigentlich sehen sie ganz hübsch aus, aber leider gehören sie zu den Plagegeistern im Aquarium! Meistens schleppt man sie sich über das lebende Riffgestein oder durch neu gekaufte Korallen ein. Sie besitzen eine enorme Nesselkraft und können bei Berührung auch andere Korallen sehr stark schädigen. Man darf eine Glasrose nicht mechanisch verletzen, da sie sonst weitere Eier abstößt und sich prächtig vermehrt. Die natürlichste Methode, sie im Nano-Aquarium wieder loszuwerden, ist das Einsetzen der Garnele *Lysmata wurdemanni* oder *boggessi*, sie bekämpfen gezielt die Glasrosen. Daneben gibt es aber auch sehr gute Anti-Glasrosen-Mittel im Fachhandel.

**Herkunft:**
Indopazifik,
Rotes Meer

**Temperatur:**
22-30 °C

**Futter:**
Zooxanthellen/Licht

## *Anemonia* cf. *Manjano*

## Feueranemone

Eigentlich eine sehr hübsche Minianemone, die sich durch Teilung vermehrt. Leider gehört auch sie zu den Plagegeistern im Riffaquarium. Eingeschleppt wird sie meist übers Riffgestein. Sie besitzt eine sehr starke Nesselkraft, die umliegende Korallen stark schädigen kann. Wenn man eine dieser Minianemonen im Nano-Aquarium entdeckt, holt man am einfachsten den Stein auf dem sie sitzt raus und entfernt sie mechanisch.

**Herkunft:**
Indopazifik

**Temperatur:**
22-29 °C

**Futter:**
Zooxanthellen/Licht

Achtung! Plagegeist

**Herkunft:**
Indopazifik

**Temperatur:**
24-28 °C

**Futter:**
Krill, Muschelfleisch, Zooxanthellen/Licht

# *Phymanthus buitendijki*
# Buitendijks Sandanemone

Hübsche Sandanemone, die sich am liebsten am Boden zwischen Riffspalten ansiedelt. Diese Art bekommt höchstens einen Durchmesser von 15 cm und ist damit gut für Nano-Aquarien geeignet. Sie ist auch optimal geeignet für die Vergesellschaftung von Porzellankrabben und Sexy Shrimps, die gerne an oder in ihr leben. In der Regel ernährt sich die Anemone über das Licht, kann aber ab und zu mit etwas Krill oder gehacktem Muschelfleisch zugefüttert werden.

Die Sandanemone lässt sich mit Porzellankrabben und Sexy Shrimps vergesellschaften.

# *Heteractis malu*

# Hawaii Anemone

Die Hawaii Anemone gehört zu den zehn anerkannten Wirtsanemonen der etwa 1.000 Anemonenarten. In größeren Aquarien wird sie gerne mit Anemonenfischen vergesellschaftet. Oft wird sie verwechselt mit der Gattung *H. crispa*, aber die *H. malu* besitzt relativ wenige Tentakeln, besonders im Bereich der Mundöffnung. Ein weiteres Merkmal sind die unterschiedlich langen Tentakeln. *H. malu* wird im Durchmesser höchstens 22 cm. Deshalb also nur für „große Nano-Becken" ab 65 Liter geeignet. Es ist eine standorttreue Anemone, die sich am liebsten im Bodenbereich und auch gerne in einer Riffspalte ansiedelt.

Foto: Jürgen Pfleiderer

**Herkunft:**
Hawaii, Ostpazifik, Fidschi, Tonga

**Temperatur:**
24-27 °C

**Futter:**
Krill, Muschelfleisch, Zooxanthellen/Licht

Foto: Julian Sprung

# Algen

Algen bilden ausgedehnte Tangwälder in den Küstenbereichen der Meere. Im Wasser produzieren Algen das Phytoplankton, den pflanzlichen Teil des Planktons, welches als Endsymbiont der Zooxanthellen bezeichnet wird. Diese sogenannten Zooxanthellen kommen bei Meerestieren und in allen riffbildenden Korallen vor. Gerade die grünen Algen bringen Sauerstoff ins Aquarium, was besonders vorteilhaft für Nano-Aquarien ohne Abschäumer ist. Höhere Algenarten sind heute noch sehr beliebt für Artenaquarien mit Seenadeln und Seepferdchen, aber auch für Aquarien, die mit wenig Korallenbesatz eingerichtet werden, da Algen auch für viele Mikroorganismen Lebensraum bieten. Zudem tragen sie auch zur Entgiftung des Wassers bei, indem sie Phosphate und Stickstoffverbindungen aufnehmen. Gerade in Aquarien mit hoher Belastung gedeihen sie sehr gut, sie sollten aber regelmäßig ausgedünnt werden. Zum einen damit das Aquarium nicht zuwuchert und zum anderen, damit die aufgenommenen Schadstoffe aus dem Wasserkreislauf entfernt werden. Zu beachten ist, dass man nur Algenarten einsetzt, die kontrollierbar sind und sich nicht zu stark verwurzeln.

von oben:
*Halymenia* sp.
*Caulerpa taxifolia*
*Halimeda* sp.

# Garnele, Krebs & Krabbe

In diesem Kapitel werden Garnelen, Krebse und Krabben vorgestellt, die beliebt und am häufigsten im Handel zu finden sind. Sie gehören zur Gruppe der Arthopoden. In allen Weltmeeren und auch an Land wurden bisher 750.000 verschiedene Arten beschrieben. Arthopoden sind Wirbellose, also Tiere ohne Wirbelsäule, sie zeichnen sich durch das feste Außenskelett, den Chitinpanzer und die zahlreichen gelenkigen Verbindungen aus.

Garnelen spielen in der Meerwasseraquaristik eine große Rolle, da manche Arten unter ihnen besondere Fähigkeiten besitzen. Die sogenannte Putzergarnele ist nicht nur optisch ein Highlight, sondern auch überaus nützlich, da sie Korallenfische von Hautparasiten befreit. Besonders erwähnenswert ist auch die Pfefferminzgarnele, denn sie frisst die ungeliebten Glasrosen im Aquarium. Viele Garnelen glänzen nicht nur mit besonderen Fähigkeiten, sondern auch mit schönen Farben und elfenhaften Bewegungen.

Sehr interessant sind auch die Einsiedlerkrebse. Sie leben zum Schutz vor Feinden in Schneckenhäusern, da ihr Hinterleib weich und ungeschützt ist. Im Laufe des Wachstums werden immer größere Häuschen zum Tausch benötigt. Oftmals werden sie auch als kleine Rüpel bezeichnet, weil sie mit ihrer ungestümen Gangart Dekoration umwerfen können und recht forsch bei der Futteraufnahme sind. Trotzdem stellen sie eine Berei-

cherung fürs Nano-Riff dar, da sie fleißige Helfer beim Vertilgen von Futterresten und Algenwuchs sind.

Zum Thema Krabben fällt den meisten Aquarianern meist nichts Gutes ein, da man hauptsächlich Krabben kennt, die man sich mit lebendem Riffgestein einschleppt. So manches Aquarientier ist ihnen schon zum Opfer gefallen. Aber auch hier gibt es wunderschöne Tiere mit besonderen Eigenschaften. Wie zum Beispiel die Boxerkrabbe, die man in einem großen Riffaquarium nur sehr selten sieht, aber in einem ruhigen Nano-Aquarium ein absoluter Hingucker ist. Selten habe ich ein so skurriles Tier gesehen.

Auch Knallkrebse sind tolle Tiere, sie gehen eine Lebensgemeinschaft mit Grundeln ein. Sie graben ständig an der gemeinsamen Wohnhöhle und bearbeiten das Gangsystem, während die Grundel davor sitzt und Wache hält. Nicht nur ihre besondere Lebensart macht sie zu imposanten Aquarienbewohnern: Knallkrebse haben auch eine interessante Eigenschaft, die so manchen Aquarianer in Schrecken versetzte, denn sie erzeugen mit ihrer großen Schere einen lauten Knall, der nicht weiter schlimm ist, sich aber anhört, als ob die Glasscheibe zerspringt. Die Krebse stoßen blitzschnell einen Wasserstrahl aus, der eine Kavitationsblase bildet, die dann implodiert. Das Geräusch ist bis zu 220 Dezibel laut. Außerdem entsteht dabei ein Lichtblitz mit einer Temperatur von über 5.000 Kelvin. Der Lichtblitz ist aber mit dem bloßen Auge nicht zu erkennen.

Der Blaubein-Einsiedlerkrebs wird nur bis zu zwei Zentimeter groß und ist daher ideal für das Nano-Aquarium.

Dieser Porzellankrebs lebt in Symbiose mit einer Anemone *Heteractis crispa*.

# *Lysmata amboinensis* und *Lysmata grabhami*

# Weißbandputzergarnele, Putzergarnele

**Herkunft:**
Indopazifik, Rotes Meer, Atlantik, Karibik

**Größe:**
bis 6 cm

**Temperatur:**
24-28 °C

**Futter:**
Artemia, Krill, Tabs, Mysis, Muschelfleisch, Granulat

Die Putzergarnele ist wohl die bekannteste Garnelenart im Meerwasseraquarium und zweifellos gehört sie auch zu den schönsten. Sie ist leicht in der Haltung und nimmt jegliches Futter gierig an. Die Tiere wachsen bei guter Fütterung recht schnell und häuten sich auch regelmäßig. Putzergarnelen beseitigen bei Fischen Hautparasiten und putzen verletzte oder infizierte Hautstellen. Bei einigen Fischen kann man beobachten, wie sie direkt zu den Garnelen schwimmen und warten, bis sie geputzt werden. Putzergarnelen lassen sich gut vergesellschaften, auch mit anderen Garnelenarten, aber in großen Nanos sollte man sich auf ein Paar beschränken.

Beim Einsetzen in ein neues Aquarium sollten die Tiere langsam umgewöhnt werden, da Garnelen grundsätzlich auf Dichteschwankungen empfindlich reagieren können.

Unterscheidung: Bei *L. grabhami* ist der weiße Rückenstrich durchgehend von Kopf bis Schwanzende, der Schwanz zeigt von links nach rechts einen weißen Streifen. Bei *L. amboinensis* geht der Strich nur bis zum Schwanzanfang und endet dort mit einem Querstrich mit links und rechts je zwei weißen Punkten.

# Lysmata debelius
# Kardinalsgarnele

Wunderschöne, leuchtend rote Garnele die etwas versteckter lebt als *L. amboinensis*. In der Gruppenhaltung ist sie weniger scheu. Am liebsten hält sie sich in den dunkleren Zonen des Aquariums auf, meist hängt sie an der Decke von Riffhöhlen. Sie befreit auch Fische von Hautparasiten, aber nicht so stark wie die eigentliche Putzergarnele. Die Garnelen laichen im Aquarium regelmäßig ab. Die vorerst roten Eier trägt die Garnele an den Schwimmbeinen und kurz vor dem Ablaichen wechseln die Eier die Farbe und werden dunkelgrau. Bei Dunkelheit werden die Larven ins Wasser abgegeben. Eine erfolgreiche Nachzucht ist bisher aber nur selten gelungen. Von den Haltungsbedingungen ist sie recht unkompliziert, sollte aber beim Einsetzen in ein neues Aquarium langsam umgewöhnt werden, denn Garnelen reagieren grundsätzlich empfindlich auf Dichteschwankungen.

**Herkunft:**
Indonesien, Philippinen, Malediven

**Größe:**
bis 5 cm

**Temperatur:**
24-28 °C

**Futter:**
Artemia, Krill, Tabs, Mysis, Muschelfleisch, Granulat

**Herkunft:**
Philippinen, Karibik, Brasilien

**Größe:**
bis 6 cm

**Temperatur:**
24-28 °C

**Futter:**
Artemia, Krill, Tabs, Mysis, Muschelfleisch, Granulat

# *Lysmata wurdemanni*

# Pfefferminzgarnele, Wurdemanns Garnele

Eine einfach zu haltende Garnelenart die etwas versteckter lebt als die Kardinalsgarnele *L. debelius*. Diese Garnele wird meist nicht wegen ihres Erscheinungsbildes gekauft, sondern ist sie mehr Mittel zum Zweck. Sie beseitigt im Aquarium sehr effektiv die ungeliebten Glasrosen. Eine *L. wurdemanni* ist in der Lage, innerhalb weniger Tage in einem Nano-Aquarium viele Glasrosen zu fressen. Aber keine Sorge, sie frisst auch normales Futter sehr gerne, wenn die Glasrosen einmal verschwunden sind. Sie lässt sich auch gut mit anderen Garnelenarten vergesellschaften. Es wurde schon beobachtet, dass *L. wurdemanni* Anemonen schädigen kann, deshalb sollte man einen Augenmerk auf seine Anemonen haben und der Garnele im Bedarfsfall Ersatzfutter reichen.

# *Stenopus cyanoscelis*

## Blaubein-Scherengarnele

Sehr schöne kleine Scherengarnelenart die einfach in der Haltung ist. Sie lebt sehr versteckt. Über Tag hängen die Tiere meist an den Riffdecken und abends werden sie aktiv. Am besten kauft man sie als Paar, das Weibchen ist größer als das Männchen. Grundsätzlich sollten sie vorsichtig eingewöhnt werden, ansonsten sehr robuste Garnelen.

**Herkunft:**
Indopazifik

**Größe:**
bis 4 cm

**Temperatur:**
24-27 °C

**Futter:**
Artemia, Krill, Tabs, Mysis, Muschelfleisch, Granulat

# *Stenopus tenuirostris*

## Blaukörper-Scherengarnele

Wunderschöne kleine Scherengarnele mit blauem Körper. Sie reagiert nicht so empfindlich auf Dichteschwankungen wie andere Garnelenarten, sollte aber trotzdem vorsichtig eingewöhnt werden. Sie ist recht scheu und verlässt ihre Höhle meist nur bei der Futteraufnahme. Kann mit anderen Garnelenarten vergesellschaftet werden.

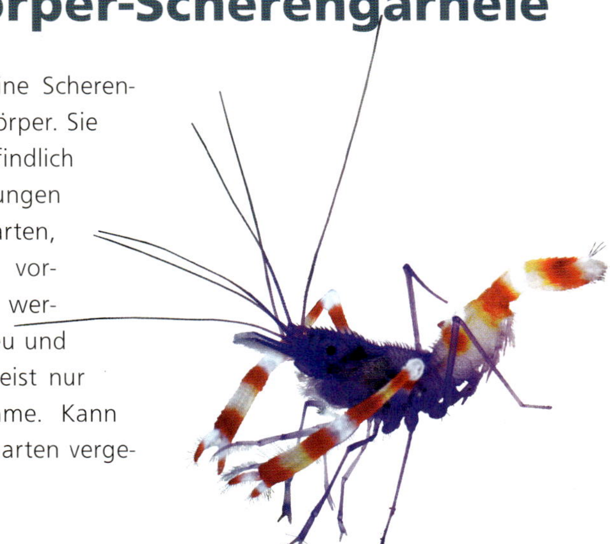

**Herkunft:**
Indopazifik

**Größe:**
bis 3 cm

**Temperatur:**
24-27 °C

**Futter:**
Artemia, Krill, Tabs, Mysis, Muschelfleisch, Granulat

# *Thor amboinensis*
# Hohlkreuz-Garnele, Sexy Shrimp

**Herkunft:**
Indopazifik

**Größe:**
bis 2 cm

**Temperatur:**
24-27 °C

**Futter:**
Artemia, Krill, Mysis, Muschelfleisch, Bosmiden, Granulat

Eine sehr interessante Mini-Garnele, die umgangssprachlich auch „Sexy Shrimp" genannt wird, weil sie ständig mit ihrem Hinterteil wackelt. Am besten hält man sie in kleinen Gruppen, dann kommen sie besonders gut zur Geltung. Es wurde schon öfter beobachtet, dass *T. amboinensis* sich an verschiedenen Steinkorallen vergeht. Ob es dabei an einem Futtermangel liegt, weiß man nicht genau. Deshalb sollte man sie in Nano-Aquarien bevorzugt mit Weich-, Leder-, Horn- oder Röhrenkorallen und Scheiben- und Krustenanemonen vergesellschaften. In der Natur leben sie sehr gerne an Anemonen. Hier bieten sich *Heteractis malu* oder *Phymanthus buitendijki* an. Ansonsten wirklich robuste Tiere, die aber auch langsam eingewöhnt werden sollten.

*Thor amboinensis* trägt den Namen Sexy Shrimp nicht umsonst, wie man an dem aufreizend wackelnden Hinterteil erkennen kann.

# *Clibanarius virescens*
# Weißfuß-Küsteneinsiedlerkrebs

Diesen Einsiedler findet man auch häufig im Handel. Er ist ein sehr guter Algenfresser und Restevertilger. Eignet sich sehr gut für den Erstbesatz im Aquarium, man sollte ihm genügend Häuschen zum Umziehen anbieten. Die Füße sind bräunlich/oliv mit weißen Enden, die Scheren sind meist auch bräunlich mit weißen Tupfen und die Fühler bläulich.

**Herkunft:**
Indopazifik,
Japan,
Australien

**Größe:**
bis 4 cm

**Temperatur:**
23-28 °C

**Futter:**
Granulat, Tabs,
Muschelfleisch,
Algen

# *Calcinus laevimanus*
# Großscheren-Einsiedlerkrebs

**Herkunft:**
Indopazifik, Australien, Japan

**Größe:**
bis 4 cm

**Temperatur:**
23-28 °C

**Futter:**
Granulat, Tabs, Muschelfleisch, Krill, Algen

Ein im Handel weit verbreiteter Einsiedlerkrebs, der sehr gut für Nano-Aquarien geeignet ist. Optisch ist er von anderen Arten sehr einfach zu unterscheiden, denn er besitzt richtige Scheren, von denen eine deutlich größer ist als die andere. Die Augen sind schwarzblau, die oberen Augenstiele sind orange und die unteren blau. Wichtig ist es, ihm mehrere größere Häuschen anzubieten, da es sonst zu Übergriffen auf andere Einsiedlerkrebse und Algenschnecken kommen kann. Ansonsten sehr pflegeleichte Tiere, die sich vom Bewuchs der Riffsteine aber auch von tierischer Nahrung ernähren.

# *Clibanarius tricolor*

## Blaubein-Einsiedlerkrebs

Sehr schöner, klein bleibender Einsiedlerkrebs, der wirklich optimal ist für das kleine Nano-Riff. Seine Füße sind blau mit rot-orangen Gelenken und die Scheren schwarz-braun mit weißen Tupfen. Der Blaubein-Einsiedlerkrebs ist einfach in der Haltung. Er ernährt sich hauptsächlich vom Bewuchs der Riffsteine, nimmt aber auch gerne Muschelfleisch oder andere tierische Nahrung an.

**Herkunft:**
Karibik, Florida

**Größe:**
bis 2 cm

**Temperatur:**
23-28 °C

**Futter:**
Granulat, Tabs, Muschelfleisch, Krill, Algen

# *Paguristes cadenati*
# Roter Riffeinsiedler

**Herkunft:**
Karibik, Florida

**Größe:**
bis 2cm

**Temperatur:**
23°C-28°C

**Futter:**
Granulat, Tabs, Muschelfleisch, Krill, Algen

Sehr attraktiver roter Einsiedler, der optimal für Nanoaquarien geeignet ist.

Bevorzugt in einer kleinen Gruppe einsetzen. Es wurden schon oft Paarungen im Aquarium beobachtet und auch erfolgreich nachgezüchtet. Er frisst sehr gut den Algenaufwuchs von den Riffsteinen und eignet sich auch sehr gut als Erstbesatz im Nano-Riff. Immer etwas größere Häuschen anbieten, da er auch relativ schnell wächst.

**Tipp:**

Füttern Sie ab und zu ein kleines Stückchen Banane, Einsiedlerkrebse fressen sie sehr gerne!

# *Alpheus bellulus*
# Hübscher Knallkrebs

Schönes Tier, das je nach Herkunft in der Farbe variiert von violett bis roten Streifen. *A. bellulus* gehört zu den größeren Knallkrebsen und sollte besser nur in großen Nano-Aquarien eingesetzt werden, denn er buddelt sich ständig durch den Bodengrund. Das hat den großen Vorteil, dass man im Sand keine Ablagerungen hat und dieser auch immer schön weiß bleibt. Der Nachteil, man hat regelrechte Hügellandschaften im Aquarium und der aktive Krebs kann schon mal eine Koralle, die am Boden angesiedelt ist, zuschaufeln. Man sollte ihn immer ausreichend füttern, da es schon vorkommt, dass er bei Nahrungsmangel auch Schlangenseesterne oder Schnecken frisst.

**Herkunft:**
Indopazifik, Australien, Japan

**Größe:**
bis 5 cm

**Temperatur:**
23-27 °C

**Futter:**
Artemia, Mysis, Krill, Tabs, Granulat

**Herkunft:**
Indopazifik

**Größe:**
bis 3 cm

**Temperatur:**
24-26 °C

**Futter:**
Artemia, Mysis, Krill, Tabs, Granulat

# *Alpheus randalli*
# Randalls Knallkrebs

*A. randalli* ist durch seine kleinbleibende Größe optimal fürs Nano-Riff geeignet. Er ist etwas scheuer als andere Knallkrebse, aber unzertrennlich mit seinen Partnergrundeln und weicht ihnen nicht von der Seite. Am besten eignen sich *Stonogobiobs*-Arten und *Amblyeleotris*-Grundeln. Schöner Pflegling, der einfach in der Haltung ist.

# *Neopetrolisthes oshimai*

# Oshimas Porzellankrebs, Mittelkrebs

Diese sehr interessanten Tiere sind für das Nano-Aquarium eine wirkliche Bereicherung. Sie leben bevorzugt in Anemonen, um sich so vor Fressfeinden zu schützen. Sie nehmen aber auch andere Korallen, wie zum Beispiel Scheiben- oder Krustenanemonen oder auch Lederkorallen zu diesem Zweck an. Es ist aber absolut wichtig, ihnen ein entsprechendes Wirtstier zur Verfügung zu stellen, da sie sonst permanent unter Stress stehen. Unter Stress werfen sie auch schnell ihre Scheren ab, die dann aber wieder nachwachsen. Sie besitzen zwei Arme, die wie Fächer ausgebildet sind. Mit diesen Fächerarmen sieben sie die Nahrung aus dem Wasser. Eine regelmäßige und ausreichende Fütterung mit kleiner Nahrung ist für den Porzellankrebs wichtig. Am besten hält man diese Tiere als Paar im Aquarium.

**Herkunft:**
Indopazifik

**Größe:**
bis 3 cm

**Temperatur:**
24-27 °C

**Futter:**
Artemianauplien, Cyclops, Plankton, Staubfutter

# *Percnon gibbesi*

## Algenfressende Krabbe

Hübsche, friedliche Krabbe, die sehr nützlich bei Algenproblemen ist. Passt auch gut in Nano-Riffe, die stark mit höheren Algen wie *Caulerpa* bewachsen sind. Hier hilft sie auf natürliche Weise, diese einzudämmen. In der Natur ist sie in strömungsreichen Zonen zu finden. Sehr schnell und aktiv. Das Aquarium muss abgedeckt sein, da sie auch gut klettern kann.

**Herkunft:**
Karibik, Brasilien

**Größe:**
bis 5 cm

**Temperatur:**
23-27 °C

**Futter:**
Algen aller Art

# *Lybia tesselata*

## Boxerkrabbe

An jeder Schere trägt sie eine kleine Anemone, mit der sie Drohbewegungen ausübt wenn ihr einer zu nahe kommt. Sollte nicht mit kleinen Garnelen wie „Sexy Shrimp" vergesellschaftet werden, da sie diese als Futter ansehen könnte. Ansonsten friedliches Tier, das auch gerne mal die ungeliebten Borstenwürmer auf dem Speiseplan hat.

**Herkunft:**
Indopazifik

**Größe:**
bis 3 cm

**Temperatur:**
24-27 °C

**Futter:**
Artemia, Krill, Mysis, Lobstereier, Muschelfleisch

# Schnecken

Schnecken gehören zur Gruppe der Mollusken (auch Weichtiere genannt). Die meisten Weichtiere haben eine Schale aus Kalziumcarbonat und Proteinen, die ihnen als Schutz dient.

Zu ihnen gehören aber auch die prächtig gefärbten Nacktschnecken ohne Schale, die aber für die Aquarienhaltung kaum geeignet sind, da Nacktschnecken absolute Nahrungsspezialisten sind, die sich ausschließlich von bestimmten Schwämmen, Moostierchen oder Seescheiden ernähren.

Am nützlichsten sind Schnecken, die sich herbivor ernähren, wie die hier beschriebene *Tectus* sp.. Aber auch Bodenschnecken leisten gute Dienste, indem sie den Sand schön sauber halten oder sogar Borstenwürmer fressen. Aufpassen sollte man aber immer bei eingeschleppten Schnecken, die mit dem Riffgestein oder durch Korallentiere ins Becken gelangen. Dabei handelt es sich oft um Parasiten, die die Korallen schädigen können, wie die hier genannte *Heliacus* sp.

In Nano-Aquarien mit einem gut funktionierenden Mikroorganismus sind Weichtiere einfach zu pflegende Tiere, die sich mit ein bisschen Glück auch dort vermehren.

*Heliacus* sp. ist zwar eine hübsche Schnecke, aber leider ein Parasit im Korallenaquarium. Sie besitzt einen kleinen Rüssel, mit dem sie gezielt Krustenanemonen aussaugt. Sollten Krustenanemonen nicht richtig aufgehen, dann kann es an diesen kleinen Schnecken liegen.

# *Cerithium* sp.
# Nadelschnecke, Hornschnecke

**Herkunft:**
Indopazifik, Karibik, Rotes Meer, Australien

**Größe:**
bis 5 cm

**Temperatur:**
23-28 °C

**Futter:**
Algen, Detritus

*Cerithium* sp. sind in allen Meeren weit verbreitet und umfassen etwa 60 verschiedene Arten. Sie sind robuste und pflegeleichte Schnecken, die sich vegetarisch ernähren. Meistens pflügen sie sich durch den Bodengrund, fressen aber auch Algenaufwuchs. Hauptsächlich werden sie bei Problemen mit roten Schmieralgen eingesetzt, die sie in einem Anfangsstadium sehr gut reduzieren können.

# *Nassarius vibex*
# Karibische Wellhornschnecke

**Herkunft:**
Karibik, Brasilien

**Größe:**
bis 3 cm

**Temperatur:**
23-27 °C

**Futter:**
Artemia, Mysis, Krill, Tabs, Algen, Detritus

Diese Schnecke eignet sich sehr gut für kleinere Nano-Riffaquarien, sollte aber erst eingesetzt werden, wenn das Aquarium gut eingefahren ist. Lebt vorwiegend im Bodengrund und sucht ihn nach Fressbarem ab, dadurch bleibt der Bodengrund schön sauber. Sie kommt aber gerne bei Futtergaben raus und frisst das Futter, das auf dem Bodengrund liegen geblieben ist.

# *Stomatella* sp.

## Ohrenschnecke

**Herkunft:**
Indischer Ozean, Indonesien, Westpazifik

**Größe:**
bis 2 cm

**Temperatur:**
23-28 °C

**Futter:**
Algen, Detritus

Diese Schnecke schleppt man sich oft durch Lebende Steine ein. Ihre Farbe variiert zwischen Schwarz und verschiedenen Brauntönen. Sie ernährt sich herbivor und ist somit harmlos für das Aquarium. Droht ihr Gefahr, dann wirft sie den hinteren Teil ihres Fußes ab, der weiter heftig zuckt. Der Feind ist abgelenkt und die Schnecke bringt sich in Sicherheit.

# *Tectus* sp.

## Turbo-, Kegel- oder Kreiselschnecke

**Herkunft:**
Indopazifik, Karibik

**Größe:**
bis 6 cm

**Temperatur:**
23-28 °C

**Futter:**
Algen

Für größere Nano-Riffe sehr gut geeignet, denn sie ist besonders nützlich bei starkem Algenwuchs. *Tectus*-Arten leisten hier sehr gute Dienste und weiden die Steine und Scheiben nach pflanzlicher Nahrung ab. Korallen sollten richtig befestigt sein, weil sie mit ihrem großen Häuschen auch mal was umwerfen können. Ansonsten sehr pflegeleichtes und robustes Tier.

# Röhrenwürmer

Röhrenwürmer gehören zur Gattung der Ringelwürmer und wir unterscheiden hier zwischen den Federwürmern (*Sabellidae*) und den Kalkröhrenwürmern (*Serpulidae*), die festsitzend leben. Die Gruppe *Sabellidae* besitzt eine große blumenförmige Krone und eine selbstgebaute Wohnröhre aus Substrat oder Sand. Sie bewegt sich in ihrer Röhre vor und zurück, und wenn man sich ihr nähert, dann zieht sie ihre Tentakelkrone in die Röhre zurück und kommt erst nach ein paar Minuten wieder heraus. Gerade in kleinen Aquarien gelingt ihre Haltung sehr gut, da sie in fischreichen Aquarien oft gestört oder sogar gefressen wird.

Die Gruppe *Serpulidae* lebt in einer selbstgebauten Wohnröhre aus Kalk. Meist bildet sie Kolonien von zahlreichen Einzeltieren. Besonders die Gattung *Filogranella* eignet sich sehr gut für Nano-Aquarien. Grundsätzlich bevorzugen Röhrenwürmer eine ruhigere Strömung, da sie mit ihren Tentakeln das Wasser nach Schwebstoffen durchsieben, müssen aber trotzdem regelmäßig mit feinstem Futter versorgt werden. Die Kolonie bildenden Arten kommen meist durchs Riffgestein ins Aquarium und siedeln sich am liebsten in den schattigen Bereichen an. In großen Aquarien mit effektiver Abschäumung und bestimmten Fischarten werden Röhrenwürmer oft als nicht besonders haltbar bezeichnet. In ruhigen Nano-Aquarien mit wenig Ausfilterung sind es ausdauernde und wunderschön anzusehende Pfleglinge.

Röhrenwürmer können auch im Mini-Riff faszinierend aussehen.

# *Bispira* sp.

## Röhrenwurm

**Herkunft:**
Indopazifik, Mittelmeer, Karibik

**Temperatur:**
23-28 °C

**Futter:**
Filtrierer, Plankton, Staubfutter, Zooxanthellen/Licht

*Bispira*-Arten bilden an abgeschatteten Plätzen und ruhigerer Strömung dichte Kolonien, sehr häufig kommen sie auch durch das lebende Riffgestein ins Aquarium. Für eine erfolgreiche Haltung bieten sich besonders Nano-Aquarien ohne Abschäumer an, denn dort sind genügend Schwebeteilchen vorhanden. Es muss aber trotzdem mit Staubfutter regelmäßig zugefüttert werden.

# *Filogranella* sp.

## Kalkröhrenwurm

**Herkunft:**
Karibik, Florida, Fidschi, Vanuatu

**Temperatur:**
23-28 °C

**Futter:**
Filtrierer, Plankton, Staubfutter, Zooxanthellen/Licht

Diese Kalkröhrenwürmer kommen meist in den Farben Rot oder Weiß vor. Ihre Wohnröhre ist aus Kalk aufgebaut, deshalb sollte auf eine gute Kalziumversorgung im Aquarium geachtet werden. Am besten zu pflegen in Nano-Aquarien ohne Abschäumer, denn dort sind genügend Schwebeteilchen vorhanden. Es muss aber trotzdem mit Staubfutter regelmäßig zugefüttert werden.

# Seesterne

Seesterne, deren wissenschaftlicher Name Asteroidea aus dem griechischen Wort „aster" (Stern) abgeleitet ist, sind in allen Weltmeeren verbreitet. Fossile Funde belegen, dass es Seesterne schon vor 300 Millionen Jahren gab. Der Körper ist sternförmig und typischerweise mit fünf Armen ausgestattet. Es kommen aber durchaus auch drei, vier oder sieben Arme vor. Aquaristisch beschrieben sind etwa 65 Arten, wobei die allgemein beliebten Seesterne besonders aus der Gattung *Fromia* oder *Linkia* stammen. Da es sich hier aber um Nahrungsspezialisten handelt, sollten sie nur von erfahrenen Aquarianern in großen Aquarien gepflegt werden. Wobei ich anmerken möchte, dass ich bereits seit zwei Jahren einen Seestern *Fromia indica* pflege und ihn auch durch Berichte von anderen Aquarianern über eine erfolgreiche längere Pflege zu den etwas haltbareren Seesternen einstufe. Grundsätzlich sollte man bei Seesternen auf eine langsame Umgewöhnungszeit achten. Beim Händler sollten sie unter Wasser eingepackt und im heimischen Aquarium auch wieder unter Wasser eingesetzt werden. Die Tiere sollten auch keine Verletzungen an den Beinen aufweisen oder träge in der Fortbewegung sein. Auf dem Rücken liegend sollte sich ein Seestern in wenigen Minuten selbstständig umdrehen können. Wir haben uns hier auf zwei weitaus robustere Seesternarten beschränkt, die man häufig als kleine Überraschung durchs lebende Gestein mit einbringt.

*Fromia indica* ist ein ausgesprochener Nahrungsspezialist.

**Herkunft:**
Indopazifik, Rotes Meer, Mittelmeer

**Größe:**
bis 2,5 cm

**Temperatur:**
23-29 °C

**Futter:**
Algen

# *Asterina* sp.
# Gänsefuß Seestern

*Asteria*-Seesterne werden meist durch lebendes Riffgestein ins Aquarium eingebracht. Sie sind nachtaktiv und ernähren sich von Algen und mikroskopisch kleinen Wirbellosen. Diese kleinen Seesterne vermehren sich vegetativ durch Teilung und können leicht zur Plage werden. Ein paar Exemplare sind hübsch anzusehen, man sollte sie aber bei einem vermehrten Aufkommen im Auge behalten und absammeln.

**Herkunft:**
Indonesien

**Größe:**
bis 6 cm

**Temperatur:**
23-29 °C

**Futter:**
Artemia, Mysis, Krill, Detritus, Flockenfutter, Tabs



# *Ophiocoma pumila*
# Schlangenstern

Dieser Schlangenstern kommt am häufigsten durchs lebende Gestein ins Aquarium. Er ist sehr anpassungsfähig und einfach in der Haltung. Er sitzt in allen Bereichen der Aquariendekoration, meist fällt er erst bei der Fütterung auf, wenn er seine schmalen Ärmchen danach ausstreckt. Er vermehrt sich sehr gut im Aquarium, nimmt jegliche Art von Futter an und ist ein sehr guter Restevertilger.

# Fische

Klein sind Fische zu Anfang ja eigentlich alle. Entscheidend für ihre Haltung in Nano-Aquarien ist aber, dass sie auch klein bleiben und eine gewisse Endgröße nicht überschreiten.

Wer aber sein Nano-Aquarium mit Fischen besetzen will, der wird in erster Linie nach der Größe des Aquariums schauen müssen, denn Platz ist nun einmal etwas, was in Kleinaquarien nur in geringem Umfang zur Verfügung steht. Meist liegen die Unterschiede bei Nano-Aquarien nur zwischen 10 oder 20 Liter, dann sollte man sich zum Wohl der Fische immer für das größere Aquarium entscheiden. Der richtige Besatz ist auch von entscheidender Bedeutung. Bevorzugen Sie ein Nano-Aqaurium mit mehreren Fischarten zu pflegen, dann sollten Sie auf jeden Fall ein großes Nano-Becken mit 50 oder 65 Liter Volumen wählen. In der Praxis hat es sich gezeigt, dass einige Arten als ausgesprochene Biotopspezialisten in größeren Aquarien nur schlecht klar kommen, da sie beispielweise von großen Fischen als Futter angesehen werden, deshalb sehr versteckt leben müssen und sich erst in kleinen Nano-Riffen ohne Feinde richtig entfalten können. Nachfolgend haben wir eine Auswahl an Arten verschiedener Fischfamilien zusammengestellt, die für Nano-Aquarien gut geeignet sind. Dabei haben wir besonderen Wert auf Fische mit einem ruhigen und friedfertigen Wesen gelegt, die sich gut vergesellschaften lassen und nur einen begrenzten Schwimmraum benötigen.

# *Gobiodon okinawae*

# Gelbe Korallengrundel, Goby

**Herkunft:**
Indonesien, Mikronesien

**Größe:**
bis 4 cm

**Temperatur:**
24-27 °C

**Futter:**
Artemia, Bosmiden, Flockenfutter, Lobstereier, Mysis, Staubfutter

Auffällige Grundel, die man im Handel oft findet. Wenn sie gut eingewöhnt sind, sind es unproblematische Fische, am besten als Paar einsetzen. Im Aquarium sitzen sie am liebsten zwischen Korallenstöcken und beobachten das Geschehen. Aufpassen muss man bei der Pflege von kleinpolypigen Steinkorallen, denn daran zupfen sie gerne, um ihre Eigelege darin abzulegen.

# *Elacatinus oceanops*

# Putzergrundel

**Herkunft:**
Karibik, West Atlantik

**Größe:**
bis 4 cm

**Temperatur:**
23-27 °C

**Futter:**
Artemia, Lobstereier, Cyclops, Flockenfutter, Staubfutter

Die hübsche Grundel kommt in mehreren Variationen, meist in den Farben Schwarz, Blau, Weiß, Gelb vor. Sehr schöner Pflegling, der gerade für ein kleines Nano-Riff gut geeignet ist. Da die Grundel etwas transportempfindlich ist, sollte beim Kauf darauf geachtet werden, dass sie beim Händler über längere Zeit gut eingewöhnt wurde. Abwechslungsreich füttern.

# *Eviota pellucida*

# Pellucida Grundel

Attraktive Mini-Grundel, die gerade für kleine Nano-Riffe gut geeignet ist. In kleinen ruhigen Aquarien kommen sie besonders gut zur Geltung, am besten hält man sie in einer kleinen Gruppe von mindestens drei Fischen. In der freien Natur stehen sie in riesigen Gruppen über Korallenstöcken. Lässt sich sehr gut mit anderen *Eviota-* oder *Trimma*-Arten halten.

**Herkunft:**
Indonesien, Philippinen, Westpazifik

**Größe:**
bis 2 cm

**Temperatur:**
24-28 °C

**Futter:**
Artemia, Cyclops, Flockenfutter, Lobstereier, Mysis, Staubfutter

**Herkunft:**
Westpazifik

**Größe:**
bis 5 cm

**Temperatur:**
24-27 °C

**Futter:**
Artemia, Bosmiden, Flockenfutter, Lobstereier, Cyclops

## *Stonogobiops yasha*
## Yasha Grundel

Traumhaft schöne Grundel, die nicht so häufig im Handel zu finden ist. Ihre Farbenpracht macht sie zu einem echten Liebhaberstück. Sollte bevorzugt mit *A. randalli* vergesellschaftet werden. Auch sind sie Simultanhermaphtroditen (siehe auch Lanzen-Symbiosegrundel). Nach der Verpaarung ausreichend füttern und das Aquarium gut abdecken, da sie anfänglich etwas unter Stress stehen und schreckhaft sind.

**Herkunft:**
Philippinen, Westpazifik

**Größe:**
bis 3,5 cm

**Temperatur:**
24-28 °C

**Futter:**
Artemia, Bosmiden, Flockenfutter, Lobstereier, Cyclops

## *Trimma rubromaculatus*
## Grundel

*Trimma*-Arten kommen in vielen Farbvariationen vor, wobei diese hier zu der am häufigsten importierten Art gehört. Die Grundel hat ein schönes rot-weiß getupftes Farbkleid. Sie eignet sich für kleine Nano-Aquarien sehr gut und ist robust. Am besten paarweise pflegen oder in einer Gruppe. In einem Aquarium ohne hektischen Besatz ist sie sehr aufgeweckt und oft zu sehen.

# *Priolepis boreus*
## Grundel

Sehr interessante Grundel-Art, die am besten als Paar gepflegt wird. Ihre Besonderheit: Sie schwimmt immer kopfüber und bei Futtergaben schwimmt sie blitzschnell heran und geht leicht ans Futter. Sehr robuste Art. Ansonsten hängen sie meist mit der Bauchseite an der Riffdecke. In großen Aquarien sieht man sie selten, aber für kleine Nano-Riffe perfekt geeignet.

**Herkunft:**
Japan, Philippinen, Westpazifik

**Größe:**
bis 2,5 cm

**Temperatur:**
23-28 °C

**Futter:**
Artemia, Bosmiden, Flockenfutter, Lobstereier, Mysis

# *Stonogobiops nematodes*
## Lanzen-Symbiosegrundel

Eine Symbiose-Grundel, die bevorzugt mit *Alpheus randalli* gepflegt werden sollte. Sie sind Simultanhermaphroditen, das bedeutet Fische dieser Art können sich innerhalb von Sekunden als Männchen verhalten und Sperma abgeben, um gleich darauf als Weibchen Eier abzustoßen. Bei der Verpaarung ist es wichtig, sie ausreichend zu füttern und das Aquarium gut abzudecken.

**Herkunft:**
Indopazifik

**Größe:**
bis 5 cm

**Temperatur:**
24-27 °C

**Futter:**
Artemia, Bosmiden, Flockenfutter, Lobstereier, Cyclops

# *Plectranthias inermis*

## Zwergfahnenbarsch

**Herkunft:**
Indonesien

**Größe:**
bis 4 cm

**Temperatur:**
23-28 °C

**Futter:**
Artemia, Futtergarnelen, Granulat, Krill, Muschelfleisch, Mysis

In der Anfangszeit ist dieser Fisch recht scheu und auch bei der Futteraufnahme noch etwas wählerisch. Er sollte abwechslungsreich gefüttert und nur mit ruhigen Gesellen vergesellschaftet werden. Schönes Tier, das sich sehr gut für größere Nano-Aquarien eignet. Achtung: Kleine Garnelen kann er leicht mit Futter verwechseln!

# *Ecsenius lividanalis*

## Schleimfisch, Blenny

**Herkunft:**
Australien, Indopazifik

**Größe:**
bis 4 cm

**Temperatur:**
24-28 °C

**Futter:**
Artemia, Bosmiden, Cyclops, Lobstereier, Mysis, Algen

Aufgeweckter kleiner Blenny, der für Nano-Aquarien eine Bereicherung ist. Lässt sich sehr gut mit anderen Fischen und Wirbellosen vergesellschaften. Nachts färbt sich sein Farbkleid sehr dunkel und er bekommt am Köpfchen eine weiße Kappe, tagsüber ist er graublau gefärbt mit einem gelben Rückenflossensaum.

Geht schnell an gebotenes Futter, raspelt aber auch Algenbewuchs ab.

# *Acanthemblemaria spinosa*

# Klippfisch

Dieser Klippfisch ist recht selten im Handel. Für eine optimale Haltung benötigt er kleine Bohrlöcher im Gestein. Aber auch kleine Röhren nimmt er gerne an. Vom Verhalten ist er sehr standorttreu, hat er ein passendes Plätzchen gefunden, verbleibt er dort immer. Ruhiger Bewohner, der nicht mit anderen hektischen Tieren vergesellschaftet werden sollte.

**Herkunft:**
Florida, Karibik, Zentralatlantik

**Größe:**
bis 2,5 cm

**Temperatur:**
23-28 °C

**Futter:**
Artemia, Bosmiden, Flockenfutter, Lobstereier, Mysis

# *Emblemaria pandionis*

# Segelflossen Blenny, Emblemaria

Diesen Klippfisch findet man häufiger im Handel. Er besitzt eine verlängerte hohe Rückenflosse, die ihn wie einen kleinen Drachen aussehen lässt. Am liebsten hält er sich in leeren Schneckenhäusern auf, die kaum größer sind als der Fisch selbst. Er ist ein wenig scheu, geht aber schnell an das gebotene Futter, das man ihm reicht. Bei Stress verändert er seine Körperfarbe von schwarz bis zu seiner eigentlichen Körperfärbung nach grau meliert.

**Herkunft:**
Florida, Golf von Mexiko, Westatlantik

**Größe:**
bis 5 cm

**Temperatur:**
24-28 °C

**Futter:**
Artemia, Bosmiden, Flockenfutter, Lobstereier, Mysis

# *Ecsenius stigmatura*

## Schleimfisch, Blenny

**Herkunft:**
Indonesien, Philippinen, Westpazifik

**Größe:**
bis 6 cm

**Temperatur:**
24-27 °C

**Futter:**
Artemia, Bosmiden, Cyclops, Lobstereier, Mysis, Algen

Wunderschöner Blenny für große Nano-Aquarien. Lässt sich sehr einfach als Paar halten und auch gut mit anderen Fischen und Wirbellosen vergesellschaften. Dieses Fischlein sucht sich eine Wohnhöhle im Gestein, von dort aus beobachtet er das Aquariengeschehen. Achtung: Wird oft mit dem für Nano-Aquarien nicht geeigneten *E. bicolor* verwechselt!

# *Doryrhamphus excisus*

## Blaustreifen-Seenadel

**Herkunft:**
Indopazifik, Ostafrika

**Größe:**
bis 7 cm

**Temperatur:**
24-26 °C

**Futter:**
Bosmiden, Artemia, Artemianauplien, Cyclops, Mysis, Krill

Diese Seenadeln sollte man als Paar halten. Niemals zwei Männchen (diese haben auf der Nasenspitze einen kleinen spitzen Höcker) zusammensetzen, sie jagen sich bis meistens einer davon stirbt. Seenadeln brauchen ein gut eingefahrenes Aquarium mit viel Mikrofauna (z. B. Artenbecken mit höheren Algen). Können mit kleinen ruhigen Fischen vergesellschaftet werden.

# FAQs

### Wie oft muss ich Wasser wechseln?

Der Wasserwechsel ist in einem gut funktionierenden Nano-Aquarium von essentieller Bedeutung und sollte wöchentlich und nach Beendigung der Einfahrphase mit mindestens 10 % der Gesamtwassermenge durchgeführt werden. Bei Steinkorallenaquarien oder hoher Nährstoffbelastung kann es ruhig mehr sein (ca. 15 bis 20 %). Achten sollten Sie beim Wechselwasser auf die richtige Temperatur, korrekte Salzdichte und dass es ein paar Tage vor der Verwendung eingelaufen ist.

### Wie oft und wie viel muss ich füttern?

Es kommt natürlich zunächst darauf an, welche Tiere und wie viele Sie im Aquarium pflegen. Grundsätzlich sollte man in einem Nano-Aquarium nur sehr kleine Mengen füttern, soviel wie die Fische etwa in zwei Minuten aufnehmen können, damit kein Futter am Boden liegen bleibt und dort vergammelt. Nach einer kurzen Pause kann man ihnen nochmals eine kleine Portion verabreichen und für spezielle Tiere dann extra zufüttern. Immer sparsam füttern, einmal täglich ist ausreichend und ein Fastentag in der Woche schadet den Tieren nicht.

### Was tue ich bei Dichteschwankungen?

Wenn es Schwankungen bei der Salzdichte gibt, sind meist folgende Ursachen verantwortlich: Das Aquarium ist oben offen und die Verdunstungsrate ist sehr hoch und das kann bei einer sehr kleinen Wassermenge schlimme Folgen haben, wenn nicht rechtzeitig Wasser aufgefüllt wird. Deshalb am besten eine Glasscheibe/Abdeckung auflegen. Es kann aber auch beim Wasserwechsel etwas schief gelaufen sein (z.B. Meersalz nicht richtig abgewogen oder ein anderes Meersalz mit anderem Mischungsverhältnis verwendet). Es kann aber auch an Aräometer oder Refraktometer liegen, die nicht korrekt funktionieren. Ganz wichtig ist verdunstetes Wasser nur mit gereinigtem Süßwasser auffüllen, da das Salz im Aquarium bleibt!

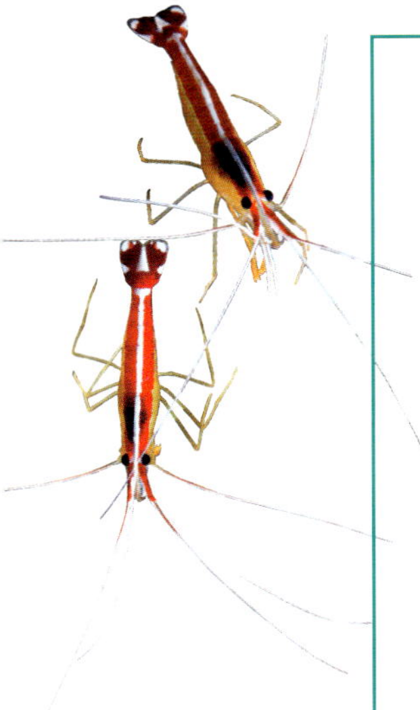

**Meine Fische haben weiße Pünktchen!**

Häufig liegt es an Überbesatz von Fischen, Stress unter den Fischen, schlechter Ernährung, unpassenden Wasserwerten oder frisch gekauften Fischen, die nicht gut eingewöhnt waren. Immer zuerst die Wasserwerte überprüfen. Wenn hier alles stimmt, sollten Sie langsam (ca. zwei Stunden) die Salzdichte absenken auf 1.020. Dies hat zur Folge, dass sich Einzeller nicht mehr so stark vermehren können. Außerdem reduzieren Sie die Beleuchtung nur auf Blaubeleuchtung oder maximal drei Stunden weißes Licht.

Bei aggressiven Fischen ist es am besten, diese aus dem Aquarium zu entfernen. Unbedingt sollten Sie das Futter mit Vitaminpräparaten und Knoblauch anreichern. Das stärkt das Immunsystem. Aber auch eine kleine Putzergarnele kann hier gute Dienste leisten. Wenn man die Krankheit frühzeitig erkennt, reicht diese „Erste Hilfe" oft schon aus.

**Was mache ich, wenn Fadenalgen wuchern?**

Wenn Fadenalgen überhand nehmen, ist immer ein Überschuss und/oder ein Mangel im Aquarium vorhanden. Die Ursachen können vielfältiger Natur sein: zu hohe Nährstoffbelastung durch zu starke Fütterung, Überbesatz, vergessene Wasserwechsel oder ungünstige bzw. geänderter Beleuchtung. Immer zuerst alle Wasserwerte (Nitrat, Phospat, KH und Silicat) testen. Auf natürlichem Wege kann man Fadenalgen schon sehr gut entgegensteuern, wenn man die langen Fäden mechanisch entfernt und Einsiedlerkrebse, Schnecken, Winkelkrabben oder Schleimfischarten einsetzt. Man kann aber auch höhere Algenarten wie *Caulerpa* als Nahrungskonkurrenz einsetzen.

**Was tue ich bei Planarien?**

Die chemische Bekämpfung ist hier nicht möglich und auch bei großen Aquarien ist davon abzuraten. Da sie sich hauptsächlich von Kieselalgen ernähren, sollte man einen Silicattest machen und bei einem erhöhten Wert mittels einer kleinen Filterpumpe Silicatabsorber einsetzen. Zudem sitzen sie gerne an der Scheibe und lassen sich dort gut absaugen. Bei hartnäckigem Befall gibt es eine Schnecke (*Chelidonura varians*) die sich ausschließlich von Planarien ernährt. Da sie als absoluter Nahrungsspezialist ohne Planarien schnell verhungert, sollte nach der Plage aber ihr zukünftiges Zuhause gesichert sein.

# An welche Dinge muss ich beim Einkauf denken?

### Grundausstattung

- Aquarium
- Beleuchtung
- Strömungspumpe
- Filterpumpe
- Heizer
- Plexiglasplatte
- ggfls. Abschäumer

### Einrichtung

- Sand
- Riffgestein
- Meersalz
- Starterbakterien

### Zubehör

- Korallenkleber
- Thermometer
- Aräometer oder Refraktometer
- Futterpipette
- Zeitschaltuhr
- Verteilersteckdose mit Sicherung
- Magnetreiniger
- Klingenreiniger
- Futter- /Artemiasieb
- 1,5 bis 2 m Schlauch ø 12/16 mm
- PE Eimer
- kleines Kunststoffnetz, 10 x 8 cm
- Pinzette
  rostfreies Material, Kunststoff oder Keramik)
- Präzitionsmesser (Keramik)
- Meßbecher (1 Liter mit Skalierung)

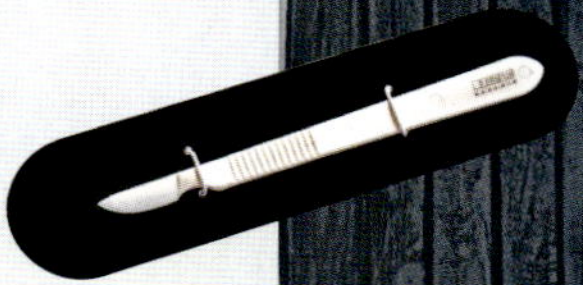

### Zubehör für Wasseraufbereitung

- Belüfterpumpe
- Heizer
- Küchenwaage
- ggfls. Osmoseanlage

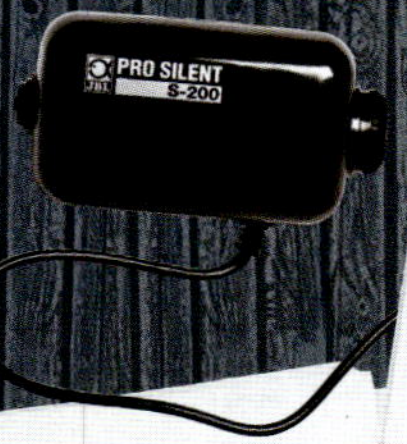


### Wassertests

- PH-Wert
- Karbonathärte
- Nitrit
- Nitrat
- Ammonium
- Phosphat
- Calcium
- Magnesium
- Silicat

### Wasserpflege und Futter

- Flüssige Mineralien- und Spurenelementpräparate
- Mineralsalz-Wasseraufbereitung für Leitungs- /Osmosewasser
- Korallenfutter
- Frostfutter
  (z.B. Artemia, Lobstereier, Mysis)
- Futtertabletten und Flockenfutter

# Muster-becken

35 Liter

**zusätzliche Technik**

- **Brenner Evolux** 11 Watt, Farbe blau/weiß (Aquatic Nature)
- **Strömungspumpe Compact** 300 (Eheim)
- **Heizer 50 Watt** (Jäger)
- **Plexiglasplatte** (26x38 cm)

**Modell Arc Tank mit Lampe, Filterpumpe (Arcadia) und Nano-Tisch (REBIE)**

# Einrichtung

**Steine**

3 bis 4 kg lebendes Riffgestein

**Korallen**

(kl. Ablegerstücke oder einzelne Scheibenanemonen)

Parazoanthus sp. (S. 23)
Protopalythoa sp. (S. 23)
Zoanthus sp. (S. 24)
Discosoma sanctithomae (S. 26)
Discosoma sp. violett-blau (S. 26)
Discosoma striatus (S. 27)
Ricordea florida (S. 29)
Capnella imbricata (S. 31)
Paralcyonidae (S. 33)
Sinularia dura (S. 35)
Clavularia viridis (S. 43)
Pinnigorgia sp. (S. 44)

**Garnele, Krebs & Krabbe**

1 Paar Stenopus tenuirostris (S. 57)
2 Paguristes cadenati (S. 62)
3 Thor amboinensis (S. 58)
1 Lybia tesselata (S. 66)
1 Alpheus randalli (S. 64)

**Schnecken**

1 Cerithium sp. (S. 68)

**Röhrenwürmer**

Bispira sp. (S. 72)

**Fische**

3 Eviota pellucida (S. 77)
1 Paar Stonogobiops nematodes (S. 79)
1 Ecsenius lividanalis (S. 80)

# Muster-becken

**64 Liter**

**Modell Scuba Cube 40 mit Unterschrank (Müller & Pfleger)**

## zusätzliche Technik

- **Lampe Eco T5**
  4 x 8 Watt (3 x weiß/1 x blau) (Eco Systems)
- **Strömungspumpe Koralia**
  (Hydor)
- **Abschäumer**
  Nano Reef Pack 200 (Tunze)
- **Heizer 100 Watt** (Jäger)
- **Plastikrohr**
  ca. 20 cm (mit Löchern) für Heizstab
- **Plexiglasplatte**
  (38x38 cm)

## Einrichtung

### Steine

6 bis 7 kg lebendes Riffgestein

### Korallen (Ablegerstücke)

Zoanthus sp. (S. 24)
Discosoma sp. (S. 27)
Ricordea florida (S. 29)
Cespitularia sp. (S. 32)
Xenia umbellata (S. 35)
Acropora tumida (S. 37)
Euphyllia divisa (S. 39)
Euphyllia paraancora (S. 38)
Seriatopora caliendrum (S. 40)
Seriatopora hystrix (S. 41)
Briareum asbestinum (S. 43)
Plexaura flexuosa (S. 45)
Pseudopterogorgia bipinnata (S. 45)

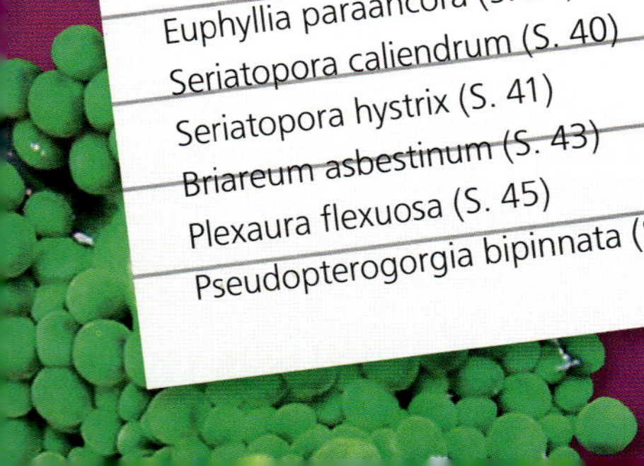

### Anemonen

Phymanthus buitendijki (S. 48)
Heteractis malu (S. 49)

### Algen

Halymenia sp. (S. 50)
Halimeda sp. (S. 50)

### Garnele, Krebs & Krabbe

1 Lysmata amboinensis (S. 54)
1 Lysmata debelius (S. 55)
2 Clibanarius tricolor (S. 61)
2 Clibanarius virescens (S. 59)
1 Percnon gibbesi (S. 66)
1 Paar Neopetrolisthes oshimai (S. 65)
1 Alpheus bellulus (S. 63)

### Schnecken

2 Nassarius vibex (S. 68)

### Fische

1 Plectranthias inermis (S. 80)
1 Stonogobiops yasha (S. 78)
2 Trimma rubromaculatus (S. 78)
2 Ecsenius stigmatura (S. 82)

GIESEMANN aquaristic

# IQ - AQUARIENMÖBEL AUF KLEINSTEM RAUM

IQ – dafür macht man gerne Platz

Setzen Sie neue Akzente in Ihren Wohnräumen, IQ ist ein steckerfertiges Komplettsystem als Süß- oder Meerwasserversion. In den Farbvarianten Lack hochglanzweiss, -zebrano oder -sahara. IQ besticht durch sein einzigartiges und zugleich funktionelles Design mit cleveren Details wie z.B. die farblich abgestimmte Glasrückwand mit integrierter Beleuchtung oder die integrierte Filterkammer mit vielfältigen Anschlussmöglichkeiten – Wann verschieben Sie Ihre Möbel und machen Platz für IQ?

kompaktes Solitärmöbel mit integriertem Aquarium und farbiger Rückwand • Möbelkorpus in hochglänzenden Oberflächen mit Einlegeboden • Abmessung 40 x 40 x 130 cm, Aquarieninhalt ca. 65 Liter • Integrierte Ablaufkammer zum Anschluss eines Außenfilters • Meerwasserpaket mit Skimmer und Spezialfilterkammer erhältlich • Integrierte Beleuchtung mit T-5 oder HQI Bestückung

Giesemann Lichttechnik & Aquaristik GmbH · Bürdestraße 14 · D-41334 Nettetal · Fon + 49 (0) 21 57 - 81 29 90 · www.giesemann.de · info@giesemann.de

AquaART
ELOS
Deutschland Tel. 08131 35 05 65
Fax 08131 35 05 66
http: www.eloseurope.com

Organix®
Das richtige Futter für
jedes Meerwasseraquarium
Optimales Protein-/Fett-Verhältnis
aus frischen, aquatischen Zutaten
Mit Omega-3 & 6-Fettsäuren
Für leuchtende Farben
und kristallklares Wasser
Organix
SÖll
SUPER
KELP PELLETS
Organix
SÖll
MARINE FLAKES
Hauptfutter für alle Meerwasserfische
28 g
MEHR ALS 3% OMEGA 3 & 6 FETTSÄUREN
Organix
SÖll
SUPER
COLOUR FLAKES
Hauptfutter für alle Zierfische
zur Entfaltung der Farbenpracht
28 g
270 ml
MEHR ALS 3% OMEGA 3 & 6 FETTSÄUREN (DHA/EPA)
www.soell-organix.de